SUR LE PROJET DE CRÉATION

EN ALGÉRIE ET EN TUNISIE

D'UNE

MER DITE INTÉRIEURE

LE PROJET DE CRÉATION

EN ALGERIE ET EN TUNISIE

D'UNE

MER DITE INTÉRIEURE

DEVANT LE CONGRÈS DE BLOIS

Extrait du Compte rendu de la 13ᵉ session
de l'Association FRANÇAISE POUR L'AVANCEMENT DES SCIENCES
tenue à Blois en 1884.

PARIS

AU SECRÉTARIAT DE L'ASSOCIATION
4, rue Antoine-Dubois, 4
(PLACE DE L'ÉCOLE-DE-MÉDECINE).

1885

ASSOCIATION FRANÇAISE
POUR L'AVANCEMENT DES SCIENCES

Congrès de Blois. — 1884.

Séance générale du 10 Septembre 1884

M. E. COSSON

Membre de l'Institut, Président de la Mission de l'exploration scientifique de la Tunisie.

SUR LE PROJET DE CRÉATION EN ALGÉRIE ET EN TUNISIE
D'UNE MER DITE INTÉRIEURE (I)

POINT DE VUE TECHNIQUE.

Tous les voyageurs qui ont visité le sud de la province de Constantine et de la Tunisie ont été frappés de l'aspect marin des trois grands Chott Melghir, El-Gharsa et El-Djerid, vastes dépressions isolées, inondées en hiver et couvertes en été d'une couche presque continue de sel cristallisé ; ces Chott, dont le plus occidental est le Chott Melghir, à 50 kilomètres au sud de la ville de Biskra, s'étendent, au pied des monts Aurès et d'une chaîne de montagnes basses, sur une longueur de près de 400 kilomètres, jusqu'au golfe de Gabès.

M. Virlet d'Aoust, par une déduction ingénieuse, a établi le premier, en 1845, que le Chott Melghir est au-dessous du niveau de la mer. Cette donnée a été confirmée ensuite par les observations barométriques faites en 1849 par l'ingénieur Dubocq, en 1856 par M. le général Vuillemot, et en 1858 par MM. P. Marès, L. Kralik, A. Letourneux et E. Cosson.

(1) Dans le cours de cette conférence, pour mettre en évidence les faits sur lesquels j'avais à appeler l'attention, j'ai fait projeter, à la lumière oxyhydrique, sur un vaste tableau les cartes de la région des Chott (Carte du Chott Melghir par M. le commandant Parisot, Cartes de la région des Chott de M. Roudaire, Carte de la Tunisie centrale mise à ma disposition par M. le Dr Rouire, Extrait de la carte de l'Afrique occidentale publiée par ordre du Ministre des Travaux publics), ainsi que de nombreuses vues représentant divers aspects des terrains du Sahara, des oasis et des groupes de Dattiers. M. Molteni, l'habile constructeur d'instruments de précision, auquel je devais les épreuves photographiques exécutées d'après les originaux, a tenu à présider lui-même à l'installation de ses appareils et a donné aux conférenciers, MM. Rouire, Doùmet-Adanson et Cosson, un concours aussi utile que dévoué.

Dans son rapport à l'Académie des sciences (*Comptes rendus*, séance du 21 mai 1877), M. le général Favé, après avoir rappelé brièvement les recherches faites sur le nivellement des Chott du sud de la province de Constantine par les explorateurs qui ont précédé M. Roudaire et par M. Roudaire lui-même, ajoute : « Tel est le point de départ d'un projet de mer intérieure vers lequel M. Roudaire a eu les yeux fixés pendant tous ses travaux ; il s'est plu à en voir l'exécution comme chose facile sans se laisser décourager par aucune entrave. »

Si on ne peut reprocher à M. Roudaire la ténacité avec laquelle il a poursuivi ses études, on doit regretter qu'elles aient été faites sous l'influence de l'idée préconçue que les Chott ont été en communication avec la Méditerranée à une époque relativement récente (1). S'il eût été moins préoccupé du côté grandiose de cette idee, n'eût-il pas été dans de meilleures conditions pour faire des observations et en déduire les conséquences logiques?

Chargé, en 1872-1873, par le Ministre de la Guerre de la triangulation de la méridienne de Biskra, M. Roudaire, aborda pour la première fois la région des Chott ; il détermina la dépression du lit du Chott Melghir au-dessous du niveau de la mer. L'imagination aidant, il lui parut facile de convertir les Chott algériens et tunisiens en une mer communiquant avec la Méditerranée par un canal creusé à travers le relief de Gabès.

En 1874-1875, dans une nouvelle mission, exécutée sous le patronage du Ministre de la Guerre et du Gouverneur général de l'Algérie, il fit, avec le concours de MM. Baudot, Martin et Parisot, de nouveaux nivellements dans la région des Chott jusqu'à la frontière tunisienne. A la suite de ces travaux, il reconnut lui-même la nécessité de nouvelles études.

En 1877, l'Académie des sciences, saisie de la question, conclut à la continuation des recherches. Le Ministre de l'Instruction publique, pour donner satisfaction au vœu exprimé par l'Académie, chargea M. Roudaire d'une troisième mission ayant pour but l'exploration des Chott tunisiens. Dans cette mission, M. Roudaire exécuta de nombreux travaux de nivellement et de sondage. Ces nouvelles études ont montré que du Chott El-Djerid au Chott Melghir la direction générale du lit des Chott est de l'est à l'ouest, c'est-à-dire qu'elle ne se dirige pas vers la mer : ainsi il fut constaté que le Chott El-Djerid, qui devrait nécessairement présenter la dépression la plus forte si les Chott avaient été en communication avec la Méditerranée, présente au contraire un niveau supérieur à celui de la Méditerranée elle-même. Il devenait évident que les Chott El-Djerid, El-Gharsa et Melghir n'ont pas été en communication avec la Méditerranée à l'époque géologique actuelle et qu'ils ont toujours été à cette même époque des bassins isolés, identiques au Chott du Hodna et à ceux des Hauts-Plateaux de la province d'Oran.

Dans une dernière expédition, subventionnée par la Société fondée en vue de la réalisation de la mer intérieure, en 1883, M. Roudaire a eu pour but de déterminer par de nouveaux nivellements la superficie submersible du Chott El-Gharsa et de constater par des sondages la nature du sol du seuil de Kriz. — Du 18 mars au 3 avril, M. de Lesseps, accompagné de M. Roudaire et de plusieurs ingénieurs et entrepreneurs, se dirigea de Gabès sur Tozzer pour y

---

(1) L'altitude et la constitution géologique du relief de Gabès et des reliefs de Kriz et d'Asloudj, l'absence de fossiles marins dans le lit des Chott, ainsi que l'élévation du Chott El-Djerid au-dessus de la mer, démontrent, comme l'ingénieur Dubocq et M. Pomel l'avaient établi, qu'à l'époque géologique actuelle les Chott n'ont jamais communiqué ni entre eux ni avec la mer.

visiter les travaux de sondage pratiqués au seuil de Kriz, près et au nord-est de cette oasis, puis longea le rivage nord des Chott El-Gharsa et Melghir « pour étudier la question sur les lieux », si toutefois on peut appeler une étude une excursion aussi rapide qui n'a apporté aucune donnée nouvelle sur le projet si souvent et si gravement modifié par M. Roudaire.

En présence des nombreuses déconvenues qu'ont fait éprouver à M. Roudaire ses études qui ont démontré l'inexactitude des données base de son projet, il lui a fallu plus que de la ténacité pour persévérer dans sa conception primitive.

Les modifications successives que M. Roudaire a dû faire subir à son projet démontrent aussi combien les résultats de ses recherches sur le terrain, nivellements, sondages, sont venus contrarier ses prévisions.

Ainsi, *première phase du projet*. — A la suite des études faites dans le Chott Melghir, il suffisait de percer un canal à travers le relief de Gabès.

Deuxième phase. — Plus tard, après des études plus étendues et plus complètes, l'œuvre devenait moins simple : il fallait percer le seuil de Gabès, puis creuser dans le lit du Chott El-Djerid, dont l'altitude d'après M. Roudaire lui-même est de 14 à 27 mètres au-dessus de la mer, un canal, qui, par la dissolution du sel et au moyen de dragages, amènerait les eaux et les déblais au seuil de Kriz ; percer ensuite le seuil de Kriz pour remplir le Chott El-Gharsa ; enfin pratiquer dans le seuil d'Asloudj (1) un autre canal pour le remplissage du Chott Melghir.

Troisième phase. — La troisième mission amène de nouvelles complications : il faut maintenant déverser les eaux de la Méditerranée par-dessus le relief de Gabès, au moyen de deux machines à vapeur chacune de 550 chevaux ; percer le seuil de Gabès ; obtenir par des dragages, en utilisant non seulement les eaux de la Méditerranée fournies par les machines, mais encore celles fournies par l'Oued El-Hammam et les nappes superficielles et profondes, soit le creusement d'un canal dans toute la longueur des Chott El-Fedjedj et El-Djerid, soit le creusement de toute l'étendue du bassin de ces deux Chott, dont la surface est, d'après M. Roudaire, de 5 000 kilomètres carrés ; puis, les eaux atteignant le relèvement de Kriz, percer ce relief de manière à pouvoir déverser dans le Chott El-Gharsa les eaux, les sables, les vases, les matières salines fournies par le grand Chott El-Djerid ; pratiquer enfin le percement du seuil d'Asloudj, qui permettrait de déverser dans le Chott Melghir le mélange d'eau douce, d'eau salée, de vase, de détritus résultant d'un travail dont la durée était évaluée par M. Roudaire lui-même à plus de huit ans.

Quatrième phase. — L'exécution du troisième projet étant impossible en raison de la constitution du Chott El-Djerid, qui est trop liquide pour que l'on puisse y creuser un canal, M. Roudaire a été amené à présenter à la Commission supérieure un quatrième projet. D'après ce projet, le canal, creusé en terrain ferme, devrait longer les bords septentrionaux du Chott El-Djerid, et, coupant, au seuil de Kriz, le relief qui s'élève en avant du Chott El-Gharsa, il devrait aller ainsi directement de la mer au Chott El-Gharsa ; puis les Chott

---

(1) Le relief désigné par M. Roudaire sous le nom de seuil d'Asloudj, situé entre le Chott El-Gharsa et le Chott Melghir, où des fonds vaseux alternent avec des éminences de 11, 21, 23, 38, 45 mètres, devrait, d'après un des collaborateurs de M. Roudaire, M. le commandant Parisot, être traversé par le canal d'alimentation, non pas sur une longueur de 6 kilomètres seulement, mais bien sur une longueur de 18 kilomètres et demi.

El-Gharsa et Melghir seraient mis en communication par le percement du seuil d'Asloudj.

Cinquième phase. — Bien que toutes les discussions qui ont eu lieu dans la Commission supérieure aient pris pour base le creusement du canal en terrain solide au nord des Chott El-Fedjedj et El-Djerid, M. Roudaire revient à l'établissement du canal à travers ces Chott, rejeté par la Commission supérieure, en le rapprochant seulement de la plage nord et en modifiant le tracé de la tranchée pour la reporter de Kriz au nord-est de Tozzer, sur un point moins élevé que Kriz, mais dont l'altitude est encore de 79 mètres au-dessus du niveau de la mer.

Ce dernier projet est tout aussi irréalisable que les premiers auxquels M. Roudaire a dû successivement renoncer. Il revient, malgré les conclusions formelles de la Commission contre ce tracé, à faire traverser le lit du Chott El-Djerid par le canal d'alimentation, le creusement devant être effectué au moyen de bacs à râteaux; mais il oublie de dire comment il pourra empêcher les vases semi-fluides de combler le canal au fur et à mesure de son creusement. Il est vrai que dans sa dernière publication (*La Mer intérieure africaine* [1883], p. 91-92) il prétend dessécher les 5000 kilomètres carrés du Chott El-Djerid et les convertir en terrains propres à la culture en mettant ce Chott en communication, par une ou plusieurs tranchées, soit avec la Méditerranée, soit avec le Chott El-Gharsa. Mais cette opération est aussi impossible que de creuser un canal à parois stables dans la masse semi-liquide du Chott El-Djerid; le desséchement ne pourrait être effectué que sur les points où le fond du Chott est au-dessus du niveau de la mer ou de celui du Chott El-Gharsa, c'est-à-dire dans une partie seulement de cette immense étendue. Partout où, au contraire, la dépression du fond du Chott est inférieure au niveau de la mer (1), elle continuera à être couverte, comme elle l'est aujourd'hui, par les vases et les sables pénétrés d'eau sursalée. D'autre part, comment admettre que l'afflux des eaux de la mer soit un moyen de déterminer le desséchement du Chott et d'en dessaler le sol? Seules les eaux pluviales et les eaux douces fournies par les nappes superficielles et profondes coupées par la tranchée pourraient, dans des centaines d'années, amener ce résultat si le fond du Chott était au-dessus de la ligne d'eau du canal et non pas généralement à une assez grande profondeur au-dessous de ce niveau.

Dans la première phase du projet, quelques millions devaient suffire pour en assurer la réalisation, tandis que la Commission supérieure évalua la dépense à plus d'un milliard. M. Roudaire lui-même admet maintenant un chiffre de 150 millions, sans y comprendre les travaux nécessaires pour l'établissement d'un port dans le golfe de Gabès et pour la régularisation du fond du Chott Melghir, où, à côté de dépressions profondes au-dessous du niveau de la mer, s'élèvent des éminences de plusieurs mètres.

Il est vrai que mon éminent confrère M. de Lesseps affirme que partout les

____

(1) Vers Degach, à peu de distance des bords du Chott, « un puits béant, dont l'ouverture montre une eau verte et profonde, nous permet de nous rendre compte de ce singulier terrain; la croûte sur laquelle nous cheminons n'a qu'une épaisseur de quelques pouces et recouvre un abîme que nous essayons en vain de sonder. Un sac à balles, qui nous sert de sonde, disparaît avec toutes les cordes que nous ajustons bout à bout sans que nous en trouvions le fond. » (Passage du mémoire publié par M. Tissot dans le *Bulletin de la Société de géographie* et reproduit par M. Roudaire aux pages 40-41 du *Rapport sur la Mission des Chott* [1877].)

« Le bassin du Chott El-Djerid est occupé par un lac souterrain dont le fond se trouve à 20 ou 30 mètres au moins au-dessous du niveau de la mer. » (Roudaire, *loc. cit.*, p. 46.)

terrains sont d'une extraction facile, et que le canal de près de 200 kilomètres pourra en grande partie être agrandi au moyen du courant lui-même (1); mais, même en acceptant ces données optimistes, nous sommes, on le voit, bien loin des premières évaluations.

M. Roudaire a avancé que dans le canal d'alimentation il s'établirait deux courants superposés, l'un d'aller, l'autre de retour. Or, la première Sous-commission de la Commission supérieure « a constaté que rien ne permet d'affirmer la possibilité de l'existence de deux courants inverses et simultanés dans un canal d'une telle longueur et d'une profondeur relativement aussi faible ». L'existence de ce double courant est d'autant plus improbable que le canal, dans le dernier projet, devrait avoir de l'est à l'ouest une pente de 6 centimètres par kilomètre, soit au point d'arrivée une contrepente de $10^m,82$.

Il est, d'autre part, plus qu'invraisemblable que, avec les dimensions actuellement réduites de la tranchée initiale à laquelle on ne donnerait qu'une largeur de 13 mètres au plafond, sur une profondeur de 3 mètres au-dessous de la mer moyenne à son point de départ vers Gabès, et une largeur de 19 mètres à la ligne d'eau, le remplissage des Chott El-Gharsa et Melghir puisse être effectué en huit ans, lorsque la première Sous-commission a établi que, avec un canal de 30 mètres au plafond et d'une profondeur de 14 mètres, ce remplissage n'exigerait pas moins de dix ans.

Pour justifier une entreprise dont l'exécution présente tant de difficultés, sinon d'impossibilités, et dans laquelle doit être engagé un si énorme capital, il faudrait clairement démontrer quels sont les avantages de la mer projetée au point de vue du climat et de sa salubrité, de l'agriculture, du commerce, de la sécurité de nos possessions tant en Tunisie qu'en Algérie, etc., et non pas s'en tenir à des assertions vagues comme celles qui ont été présentées jusqu'ici, à des hypothèses qui ne paraissent pas devoir se réaliser ou que l'observation contredit.

MÉTÉOROLOGIE, SALUBRITÉ ET HYGIÈNE, CULTURES.

Un des principaux arguments de M. Roudaire, argument qu'il reproduit avec complaisance, c'est que la mer intérieure amènerait des pluies, augmenterait le débit des cours d'eau et contribuerait ainsi à la fertilité du sol entre l'Aurès et les Chott (2). « On oublie que ce ne sont pas les eaux qui manquent

(1) « Le système de l'entraînement par les eaux, d'après la première Sous-commission de la Commission supérieure, ne saurait être considéré comme consacré par l'expérience. »

(2) Pour le besoin de la cause, M. Roudaire admet un changement récent dans le climat, que rien ne démontre, et dit assez dédaigneusement : « Les adversaires du projet ont cherché à expliquer cette ancienne fertilité par l'habileté avec laquelle les Romains avaient aménagé les eaux; mais les aqueducs des Romains seraient inutiles aujourd'hui, car ils n'auraient plus rien à transporter. On se demande avec étonnement, en voyant les ruines si fréquentes dans ces régions, où les habitants trouvaient l'eau nécessaire à leurs premiers besoins.» (Roudaire, *Complément des études*, p. 138.) — Ce que M. Roudaire oublie de dire, c'est que du temps des Romains les eaux des vallées de l'Aurès, retenues par des barrages et distribuées par des aqueducs ou des canaux d'irrigation, portaient au loin les éléments de fertilité, au lieu d'engendrer, comme aujourd'hui, la malaria. Là, il s'est passé ce que, avec tous les voyageurs, j'ai constaté en Sicile, où les eaux, par la rupture des aqueducs et la disparition des canaux d'irrigation, sont devenues de véritables causes de pestilence. Ce n'est pas un changement de climat qui en Algérie et en Tunisie a amené la stérilité et la dépopulation de vastes étendues de pays, où les ressources en eaux sont suffisantes. L'état de désolation actuel est le résultat des nombreuses invasions et des guerres intestines dont ces contrées, jadis si prospères, ont été le théâtre dans les derniers siècles [*].

[*] « La stérilité et la dépopulation actuelles des parties de la Tunisie et de la province de Constantine, si prospères et si peuplées du temps des Romains et même encore après la conquête arabe, ne datent que de l'occupation ottomane et des guerres intestines qui aux xve et xvie siècles devinrent de plus en plus fréquentes.» (G. Villain, *Étude sur l'histoire de la Tunisie depuis la conquête arabe*; publié dans le *Bulletin de l'Association scientifique de France*, sér. 2, IV, p. 305-323 1882.

au pied des monts Aurès, puisque l'insalubrité du pays, spécialement celle de la Farfaria, est due à la trop grande abondance des eaux que déversent les vallées descendant de l'Aurès et qui favorisent le développement des « grands roseaux » auxquels MM. Roudaire et d'Abbadie ont attribué une influence bien exagérée selon moi. Quant au reste du pourtour des Chott, s'il est aride en apparence, il offre cependant une végétation suffisante pour la nourriture des chameaux, végétation que M. Roudaire a désignée sous le nom général de « bruyères ». Ces prétendues bruyères sont des plantes caractéristiques des terrains salés, surtout des Salsolacées appartenant aux genres *Suœda, Salsola, Atriplex, Caroxylon, Salicornia, Arthrocnemum,* qui y acquièrent un développement exceptionnel.

Loin d'augmenter la quantité des eaux qui peuvent être utilisées pour l'irrigation des cultures, l'établissement de la mer intérieure ne pourrait être que préjudiciable, puisqu'il entraînerait le drainage des eaux superficielles et celui d'une grande partie des nappes artésiennes qui alimentent les oasis du Blad-el-Djerid et du Nefzaoua (1). Or, tout le monde sait que dans la région saharienne l'eau douce est la véritable cause de la fertilité, quelle que soit la nature du terrain, et en réalité dans la région des Chott les eaux ne manquent pas si on sait, comme les Romains, en tirer bon parti, les amener là où elles manquent et les dériver là où elles sont trop abondantes.

M. Roudaire s'est plu à considérer les nombreux lits d'Oued, si abondants dans le Sahara, comme d'anciens fleuves actuellement privés d'eau, mais si l'on veut dans cette région considérer comme des fleuves ou des rivières desséchés tous les ravins, tous les thalwegs profonds et d'une certaine longueur, on y verra partout des fleuves et des rivières sans eau, car s'il est un pays profondément raviné en tous sens par les eaux pluviales, c'est certainement le Sahara, ainsi que tous les voyageurs l'ont constaté comme moi et en ont éprouvé une vive impression. Il ne faut pas plus compter sur le rétablissement d'un Oued Souf que sur celui d'un Oued Ighergher.

En ce qui concerne l'amélioration profonde du climat de l'Algérie et de la Tunisie, que l'on présente comme un des principaux avantages de la réalisation du projet, tout ce que l'on a avancé à cet égard ne repose sur aucune donnée sérieusement établie. Il est certain, au contraire, que le prolongement du golfe de Gabès jusqu'aux Chott méridionaux de la province de Constantine n'amènerait aucun changement dans le climat général de l'Algérie et de la Tunisie. Le climat local lui-même ne subirait pas de modification sensible. Les influences climatériques qui dominent dans le Sahara tiennent à des causes trop générales et trop puissantes pour pouvoir être modifiées par la présence d'un bassin d'une aussi faible étendue comparativement à l'immensité de la région. Gabès et Mogador ont une végétation et un climat sahariens, bien que ces deux villes soient situées l'une sur le rivage de la Méditerranée, l'autre sur celui de l'Océan. Les îles de Lancerotte et de Fortaventure, bien qu'appartenant à l'archipel canarien, ne semblent que des lambeaux détachés de la région désertique du continent, l'influence de l'Océan n'y neutralise pas celle qu'à distance y exerce le climat extrême du Sahara. Les mers intérieures

______

(1) M. A. Letourneux, membre de la Mission de l'exploration scientifique de la Tunisie, qui au mois de juin dernier, explorait le sud de Gabès et la région des Chott, a mis en relief dans une lettre (dont un extrait a paru dans les *Comptes rendus de l'Académie des sciences,* séance du 30 juin 1884) les dangers que je viens de signaler et qui résulteraient pour le régime des eaux du creusement du canal projeté. — Voir sur cette question, dans le compte rendu du Congrès (section de géographie), la communication de M. Letourneux.

sont, du reste, loin d'agir sur le climat des territoires qui les avoisinent immédiatement, ce qui le prouve péremptoirement c'est la sécheresse et l'aridité des bords de la Caspienne, de la Mer Rouge, de la mer d'Aral, du golfe Persique, qui ont une étendue bien plus considérable que la mer rêvée par M. Roudaire. Dans le midi de la France, comme l'a rappelé M. Naudin, les villes de Cette, Agde, Béziers, Narbonne, l'île Sainte-Lucie, etc., sont situées au voisinage de la Méditerranée et sont cependant caractérisées par la sécheresse du climat, les évaporations de la Méditerranée ne se résolvant en pluies que sur des points éloignés ou sur les plateaux des Cévennes et leurs versants nord et nord-ouest. J'ajouterai que le vent du nord, même en été, bien qu'il traverse toute la largeur de la Méditerranée, ne donne sur *aucun* point de l'Algérie une seule goutte de pluie.

Tous ces faits, contraires à l'hypothèse du changement de climat que M. Roudaire prétend devoir se produire par la réalisation de son projet, s'expliquent par cette donnée incontestable que les évaporations émises par une température élevée doivent se résoudre en pluies sur des points très éloignés de leur production. En été, les vapeurs produites par la nouvelle mer se dissoudraient dans une atmosphère pure et surchauffée pour se disséminer dans le Sahara, se perdre au-dessus de la Méditerranée ou se condenser en pluies bien au-delà de la chaîne de l'Aurès. Quant à l'évaporation que la mer fournirait, soit en automne, soit en hiver, elle ne changerait rien à l'état actuel, puisque dans cette partie de l'année le lit des Chott est ordinairement submergé ou assez humide pour fournir une évaporation au moins égale à celle de la mer projetée. Au surplus, pour que les condensations se produisissent vers l'Aurès, il faudrait nécessairement que les vents du sud fussent les vents dominants. Or, mes observations personnelles et celles de la plupart des autres observateurs démontrent le contraire. La végétation abondante de nombreux points de la Région Saharienne vient à l'appui de ces observations, car elle ne pourrait exister si les vents brûlants du sud étaient les vents dominants. De plus, l'inclinaison habituelle des arbrisseaux et des dunes vers le sud démontre que ce sont bien les vents du nord et du nord-ouest qui prédominent.

Il faut donc désespérer de voir un jour le spectacle enchanteur de ces régions transformées qu'on a mis sous nos yeux, lorsqu'on nous a dit que la vapeur d'eau se condenserait en pluies ou en neiges et servirait à alimenter des cours d'eau qui couleraient en permanence dans leurs lits actuellement desséchés au moins pendant une grande partie de l'année ; que l'on verrait jaillir du sol, par la même cause, des sources qui n'existent plus ; que les vapeurs, en se reformant sur les cours d'eau, étendraient leur influence sur les deux versants des montagnes jusqu'à des contrées éloignées.

Si la mer intérieure ne saurait exercer une influence sur le climat, elle entraînerait certainement des conséquences désastreuses pour les jardins de Dattiers, sans lesquels les oasis n'existeraient plus. En effet, les buées et les effluves marins que soulèveraient les vents, surtout ceux du nord et du sud, dont la violence est souvent un fléau pour la région, feraient périr les Dattiers ou au moins en empêcheraient le développement régulier. Le voisinage de la mer, en raison de l'humidité atmosphérique, est, je le rappellerai, des plus nuisible à la culture du Dattier, qui demande, pour donner les meilleurs produits, une atmosphère sèche en même temps qu'un sol suffisamment humide ou arrosé, c'est-à-dire un ensemble de conditions que les Arabes, dans leur langage imagé, expriment ainsi : « Ce roi des oasis doit plonger son pied dans l'eau et sa tête dans le feu du ciel. »

On a bien essayé de nier l'influence défavorable qu'exerce le voisinage de la mer sur la qualité des dattes et on a cherché à expliquer l'infériorité des dattes de Gabès et de l'île de Djerba sur celles du Blad-el-Djerid, du Nefzaoua et du Souf, en avançant que dans la région littorale du sud de la Tunisie et à Djerba on ne cultive que des variétés de qualité inférieure. Cette assertion est inexacte, car à Gabès, comme dans l'île de Djerba, on a planté des Dattiers des meilleures variétés, qui n'y ont donné que des dattes sans valeur vénale et surtout propres à la nourriture des animaux (1).

Le danger que je signale est évident, car il suffit de jeter les yeux sur une carte pour voir que les oasis les plus importantes, tant dans l'Oued-Rir que dans le Blad-el-Djerid et le Nefzaoua, sont situées sur le bord même du bassin que l'on rêve de convertir en mer ou au moins en un long canal. Je dois rappeler que le Dattier est la principale richesse du pays et que, sous son ombrage tutélaire, peuvent être cultivés les céréales, tous les légumes· et la plupart des fruits d'Europe, le coton, etc. On ne saurait donc soutenir que l'établissement de la mer intérieure créerait des avantages au point de vue agricole, puisque cette mer devrait nécessairement avoir pour premier effet d'apporter un trouble profond dans la production agricole actuelle, dont on me paraît faire trop bon marché.

Il n'est pas besoin d'eaux pluviales, toujours nuisibles à la qualité des dattes (2), lorsqu'il est de notoriété que dans l'Oued-Rir, aussi bien que dans le Blad-el-Djerid et le Nefzaoua, des puits artésiens forés à une faible profondeur, et souvent de simples coups de sonde, suffisent pour fournir l'eau nécessaire à l'irrigation de plusieurs centaines et souvent de milliers de Dattiers.

Non seulement la mer intérieure compromettrait la culture du Dattier dans les oasis situées sur ses bords ou dans son voisinage, mais si le canal était établi à travers le Drâa du Djerid, les eaux qui alimentent Tozzer, Nefta, Degach et une ou deux des oasis qui constituent le groupe d'Oudian, tomberaient dans ce canal pour se perdre dans le Chott et ces oasis, qui comptent plus de 800 000 Dattiers, seraient vouées à une mort certaine (3).

Dans l'Oued-Rir, les dommages causés par la submersion de toute la partie du pays envahie par la mer rêvée, seraient presque aussi graves. Les eaux de cette mer y submergeraient Sidi-Salah, Sidi-Mohamed-Moussa, le puits de Bir-Cedra celui de Mguebra, El-Ourir, avec 17 000 Dattiers, dont la plupart de plantation récente, l'oasis de Nzira, Dendouga, etc. L'oasis de Mghaïer, qui compte 30 000 Dattiers et non pas 300, comme M. de Lesseps l'a sans doute avancé par mégarde, est plus que menacée, et pour qu'elle ne soit pas inondée elle devrait être protégée par une digue. La mer, par son voisinage immédiat, menacerait aussi El-Aouch, avec 8 000 Dattiers, Oum-el-Thiour, avec 11 00) Dattiers.

(1) Voir la communication de M. A. Letourneux, lue à la séance du 11 septembre de la section de géographie, qui établit que les Dattiers des meilleures variétés ne donnent à Gabès, dans l'île de Djerba et à Zarzis que des produits plus que médiocres.

(2) L'année dernière, les pluies ayant été très fréquentes et très abondantes dans le Sahara tunisien, les Dattiers n'ont donné que des produits de qualité inférieure.

(3) Voir l'extrait de la lettre de M. A. Letourneux, publié dans les *Comptes rendus de l'Académie des sciences*, séance du 30 juin 1884, la communication de M. Doûmet-Adanson à la séance générale du 10 septembre, et celle de M. A. Letourneux, à la séance de la section de géographie du 11 septembre.

Il y a bien loin de ces chiffres à celui de 4 000 Dattiers que M. de Lesseps reconnaissait devoir être atteints par le projet, le nombre en serait de près d'un million, en faisant entrer en ligne de compte les terrains propres à l'établissement d'oasis, qui seraient ou inondés ou rendus stériles par le drainage des nappes aquifères. Ce n'est donc pas à 400 000 francs que devrait être évalué le dommage, mais bien à près de 100 millions.

Une grande partie de la Farfaria, où la terre végétale a une épaisseur de 8 à 10 mètres et produit en céréales, dans les années pluvieuses ou lorsqu'elle peut être irriguée, jusqu'à 70 pour 1, serait entièrement submergée. Et cette submersion ne supprimerait pas les causes d'insalubrité, elle ne ferait que les déplacer et les reporter plus au nord, sur les points où les Oued et leurs deltas se déverseraient dans la nouvelle mer. — On s'est, du reste, plu à exagérer l'insalubrité de la Farfaria et l'influence pernicieuse qu'y exerce la présence sur une partie de son étendue des « grands roseaux ». La Farfaria n'est insalubre que parce qu'elle est aujourd'hui inculte et que l'on y laisse croupir les eaux, au lieu de les utiliser pour l'irrigation. Du temps des Romains, elle était très fertile et, il y a peu d'années, il y existait encore deux centres de populations indigènes (Jus, *Forages des puits artésiens de la province de Constantine*, p. 23-24). — C'est une singulière manière d'assainir un pays, on ne pourra le nier, que d'en submerger les parties les plus appropriées à la culture et d'y compromettre, là où on ne les détruit pas, les oasis, cette véritable source de richesses d'une des contrées du Sahara, privilégiée pour la production des dattes et dont une grande étendue est désignée sous le nom de Blad-el-Djerid, c'est-à-dire de la patrie par excellence du Dattier.

Les vastes bassins des Chott El-Gharsa et Melghir ne pouvant subvenir à l'évaporation de leur surface que par la rapidité du courant qui devrait s'y établir de la Méditerranée vers leurs plages occidentales, seraient, pour me servir de l'expression caractéristique de M. Naudin, un immense « fleuve à rebours ». Le courant accumulerait incessamment sur les plages de la partie occidentale, c'est-à-dire de la partie algérienne de la mer, des vases et des détritus de toutes sortes. Ces alluvions qui pénétreraient dans les ravins, les ravines et les dépressions aboutissant au Chott, formeraient partout barrage à l'écoulement des eaux pluviales, ainsi qu'à celui des eaux des canaux d'irrigation et des puits effondrés ; elles y seraient une cause permanente d'insalubrité en raison du mélange qui s'y produirait, par infiltration lente, entre les eaux douces et les eaux salées, mélange qui favoriserait la décomposition des matières végétales et animales.

POINT DE VUE POLITIQUE, COMMERCIAL, MARITIME.

La mer intérieure ne peut assurer la sécurité de nos possessions algériennes. En cas d'insurrection, s'il fallait opérer dans le sud par le Souf, elle nous forcerait à subir les lenteurs et les difficultés d'un embarquement et d'un débarquement, ou à faire un long détour, tandis que maintenant, sur plusieurs points, le trajet à parcourir peut se faire sans retard. Les Chott ne sont pas plus une barrière pour nous que pour les Arabes ; les reliefs que l'on a désignés sous le nom de *seuils*, offrent un passage facile en tout temps, et quand nous connaîtrons mieux les autres passages, ils seront en nombre suffisant. Combien il serait préférable, au point de vue de la rapidité des transports, de prolonger le chemin de fer de Biskra jusqu'à Tougourt, ou mieux jusqu'à Temacin (1).

Au point de vue stratégique, après l'établissement du chemin de fer de Biskra et son prolongement vers le sud jusqu'à Ouargla, ou près de Ouargla, par Tougourt et Temacin, la mer intérieure n'a pas de raison d'être, et la voie ferrée, au lieu d'en être le complément, comme on l'a dit, en est la négation.

Et qui ne voit que la nouvelle mer, si elle existait, serait une cause de dangers pour la conservation de nos possessions algériennes et pour notre occupation de la Tunisie! Elle devrait être l'objet d'une surveillance incessante pour empêcher l'introduction de la contrebande de guerre et le débarquement par l'ennemi, en cas de guerre européenne, de tout un matériel d'artillerie, qui donnerait aux insurrections dans les oasis une importance plus redoutable que celle qu'elles ont présentée jusqu'ici. Quelques torpilles, placées à l'entrée du canal d'alimentation, pourraient nous fermer l'accès de la mer intérieure, tandis qu'elle serait à la libre disposition de l'ennemi. Ce canal d'alimentation pourrait également être fermé à la navigation par de simples estacades en troncs de Dattier, et les embarcations arrêtées par ces obstacles seraient exposées aux feux croisés partant des deux rives, presque à bout portant.

Ni M. Roudaire ni M. de Lesseps n'ont répondu à une question que je leur ai posée et qui cependant demandait une réponse : la nouvelle mer interdirait aux Arabes nomades de la Tunisie l'accès des pâturages sahariens où, chaque année, ils conduisent leurs troupeaux en hiver. Il leur faudrait, pour gagner le Sahara, ou embarquer leurs troupeaux ou contourner la mer par un long circuit. Dans ce dernier cas, que de difficultés, que de conflits n'auraient-ils pas à subir de la part de nos populations algériennes, qui ne sauraient accepter le dommage que leur causerait une semblable immigration au milieu de leurs pâturages! Or, on sait que la plupart des insurrections dans le Sahara ont été déterminées par des motifs qui étaient loin de présenter une telle gravité (2).

En général, les routes commerciales les plus suivies sont celles qui sont les plus courtes en même temps que les plus faciles. Quand il s'agit de la mer intérieure, il paraît que cela n'est plus vrai. Il suffit, dit M. Roudaire (*Complément des études*, p. 90), « de regarder la carte pour voir que les produits des régions au sud de l'Algérie se dirigeront vers les nouveaux ports ». Il oublie que tout le commerce du Sahara oriental, la route de Ouargla (3) étant aujourd'hui délaissée, se fait par Ghadamès (4), où les caravanes convergent nécessairement pour éviter la traversée des grandes dunes du Sud. Or, de Ghadamès à Gabès, le trajet par la mer intérieure est presque double du trajet par terre entre ces deux villes et de celui entre Ghadamès et Tripoli. Il est même plus que

(1) Voir l'Extrait ci-joint, fig. 3, de la carte de l'Afrique occidentale publiée par ordre de M. le Ministre des Travaux publics.

(2) « L'idée de cette mer va aussi soulever les Arabes du Sahara contre nous..... Ils ne verront là qu'une chose, c'est que les Français veulent les priver de leur Sahara, et ce sera un grief de plus contre notre domination. » (Parisot, *Mémoire inédit*.)

(3) Si les caravanes de l'Afrique centrale se rendent surtout au Maroc et à la Tripolitaine, c'est pour éviter les dunes des Areg, dont elles auraient à franchir l'immense étendue pour gagner soit l'Algérie, soit la Tunisie. Un autre motif encore détermine les caravanes à délaisser l'Algérie, c'est l'abolition absolue de la traite des nègres dans nos possessions. Si avant la domination française elles gagnaient l'Algérie par Ouargla, c'est qu'elles y trouvaient un vaste marché ouvert à la vente des esclaves, principal article d'exportation du Centre-Afrique.

(4) Il est facile de s'en convaincre par l'examen de l'extrait de la Carte de l'Afrique occidentale.

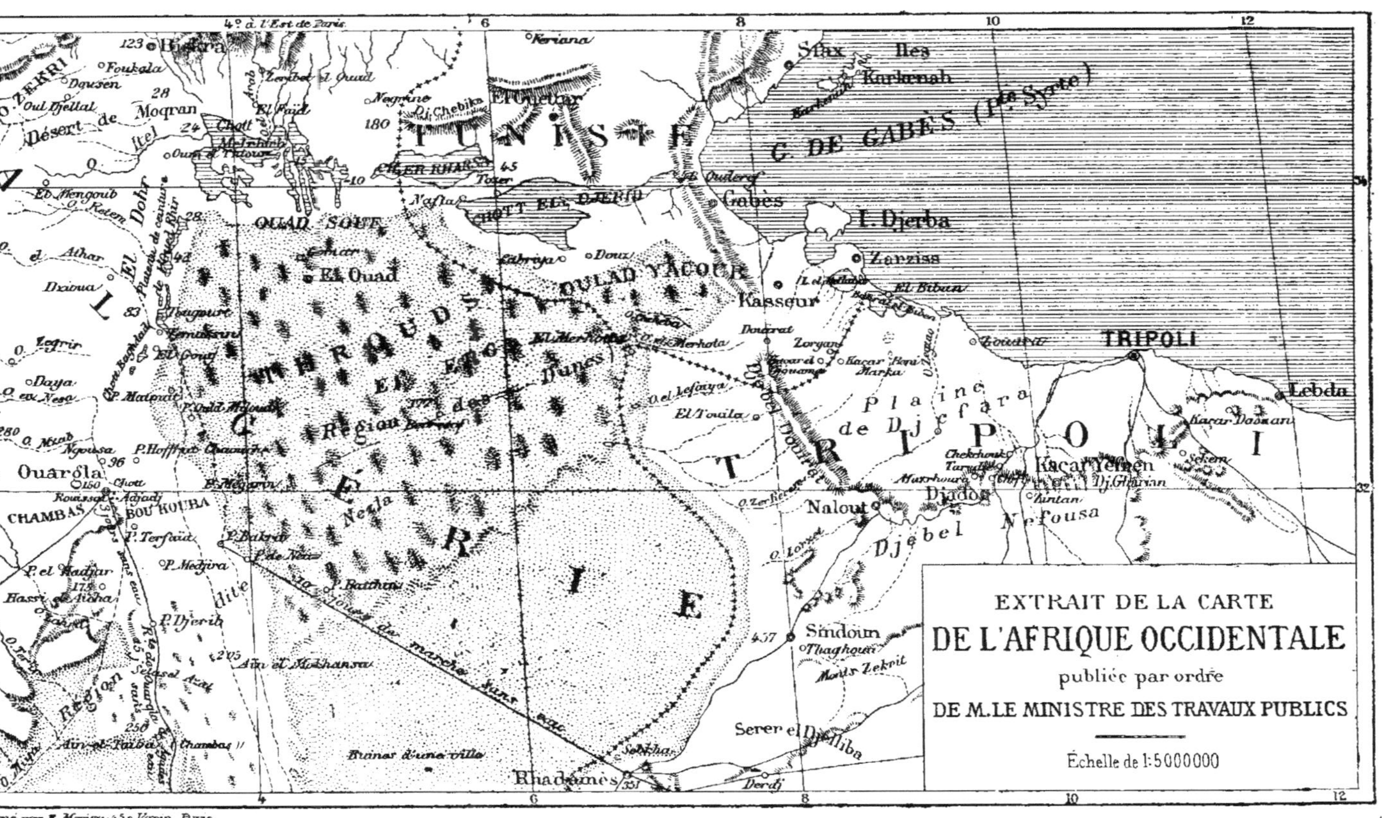

EXTRAIT DE LA CARTE
DE L'AFRIQUE OCCIDENTALE
publiée par ordre
DE M. LE MINISTRE DES TRAVAUX PUBLICS
Échelle de 1:5000000
TUNISIE
TRIPOLITAINE
TRIPOLI
Lebda
G. DE GABÈS (Pte Syrte)
Sfax
Iles Karkœnah
I. Djerba
Zarziss
El Bibœn
Gabès
CHOTT EL DJERID
OUAD SOUF
El Ouad
OULAD YACOUR
Kasseur
Plaine de Djefara
Djebel Nefousa
Nalout
Djadou
Kacar Yefren
Dj. Gharian
Sindoun
Thaghoui
Monts Zekrit
Serer el Dj. Aliba
Rhadamès
Ouargla
CHAMBAS
BOU KOUBA
EL GHERGUE EN EGOR
Région des Dunes
EL OUAD
EL Dohr
O. ZEKRI
Biskra
Foukala
Douzen
Moqran
Désert de
Négrine
Dj. Chebika
El Ouïetlar
Feriana
Toser
Nefta
Gravé par E. Morieu 45 r. Vavin, Paris
Fig. 3.

double si l'on tient compte des difficultés à surmonter. Outre cet excédent de parcours, de Ghadamès, pour gagner la mer intérieure, les caravanes auront à subir dix journées de marche dans les sables des dunes sans eau, c'est-à-dire des difficultés et des dangers sans nombre. Tandis que, en suivant, au contraire, la route actuelle sur Tripoli, elles trouvent un pays habité et un trajet relativement facile.

Le chemin de fer de Biskra, prolongé jusqu'à Tougourt ou Temacin, offrirait, au contraire, des avantages réels, surtout si on rendait moins difficile le trajet jusqu'à Ghadamès par l'établissement de puits et de postes et par le tracé d'une route à travers les dunes. Les marchandises, une fois mises en wagon, rejoindraient le réseau algérien et seraient transportées rapidement aux ports d'embarquement les plus favorables aux intérêts du commerce, tandis que par la mer intérieure elles arriveraient à Gabès, qui actuellement n'est pas un centre commercial. On ne le niera pas, puisque quelques mauvaises barques côtières suffisent à l'enlèvement de tous les produits et de toutes les marchandises importées. On ne dira pas non plus que le golfe de Gabès, la Petite-Syrte, soit favorable pour la navigation, car les anciens eux-mêmes, dont les navires d'un faible tonnage n'avaient pas besoin de rade de fond, le considéraient comme dangereux. Il existe, il est vrai, dans ce golfe, comme l'ont établi les sondages de M. l'amiral Mouchez, un chenal accessible aux grands navires, à l'embouchure de l'Oued Melah, mais le reste du golfe n'offre qu'une faible profondeur. C'est ce que M. Roudaire a reconnu lui-même (*Revue des Deux Mondes*, numéro du 15 mai 1874, p. 329). Les balancelles, les barques côtières, quand elles manquent le chenal, s'échouent à marée basse. La marée peut atteindre jusqu'à 3 mètres (Roudaire, *Complément des études*, p. 23) et la mer peut se retirer à une grande distance, en raison de la faible pente de la côte.

M. Roudaire (*Revue des Deux Mondes*, numéro du 15 mai 1874, p. 337) reconnaît aussi, et l'examen seul de la carte le démontre, que le golfe de Gabès n'est nullement abrité, au moins pendant l'hiver, « des coups de vent du nord-est et du sud-est très violents ; à l'action régulière des marées s'ajoute aussi l'action accidentelle des vagues puissantes que ces vents soulèvent alors dans la haute mer et qui viennent se briser sur la côte, après avoir roulé sur les bas-fonds vaseux et sablonneux du golfe de Gabès. »

En fait de port, tout est à créer à Gabès, et avant de tout créer il serait bon de dire ce que les navires auraient à y charger : des dattes, de l'huile, des dépouilles d'autruches et d'animaux, de la laine, de l'ivoire, de la poudre d'or, etc., à peine de quoi faire le chargement de trois ou quatre navires par an.

Dans l'impossibilité où l'on est de démontrer que le prolongement du chemin de fer de Biskra dans le Sud n'assurerait pas mieux le commerce et la sécurité du pays que ne peut le faire la mer intérieure, on fait observer que la voie ferrée de Batna à Biskra peut être coupée par des insurgés. Ce n'est pas là une objection sérieuse, car on peut, à bien plus juste titre, lui opposer l'inefficacité de la mer intérieure pour le transport des troupes, tandis que, même dans le cas de l'interruption du chemin de fer, rien n'est plus facile que de gagner Biskra par le Hodna.

En résumé, au point de vue politique, commercial et maritime, l'utilité de la mer intérieure est nulle. Son existence, à ces divers points de vue, ne changerait rien à l'état actuel.

On pourrait y recueillir du sel, mais il est peu probable que ce sel soit plus recherché par les caravanes auxquelles on le vendrait que celui qu'elles peuvent maintenant librement ramasser. Ne trouvant rien de mieux à dire, on a prétendu que la mer intérieure s'opposerait à l'envahissement du Tell par les sauterelles. On met maintenant en avant la création de vastes pêcheries qui, malgré l'extrême salure des eaux, donneraient d'énormes quantités de poissons.

Quelles que soient les conditions dans lesquelles serait réalisé le projet Roudaire, l'affaire est mauvaise au point de vue financier, nuisible à l'agriculture et à la colonisation ; aussi je n'hésite pas à répéter, une fois de plus, que si la mer projetée existait, il faudrait la combler.

OBSERVATIONS GÉNÉRALES.

M. Roudaire, malgré les modifications successives qu'a dû subir son projet primitif en face des constatations matérielles et des objections qui en ont démontré l'inanité, est aussi affirmatif au sujet du *cinquième* projet qu'il l'était pour le premier. La dépense, je le rappellerai, ne devait être à l'origine que de quelques millions, elle a été ensuite évaluée à 75 millions et maintenant le chiffre admis par M. Roudaire est de 150 millions. Cette somme, déjà excessive pour une œuvre inutile et dangereuse, serait évidemment insuffisante pour le creusement d'un canal de près de 200 kilomètres, pour les énormes tranchées à pratiquer dans les reliefs qui séparent les Chott et dans celui qui à Gabès s'élève entre la mer et le Chott El-Fedjedj, pour la régularisation du lit du Chott Melghir, pour l'établissement d'un port à l'embouchure de l'Oued Melah, pour les travaux à exécuter dans le golfe de Gabès en vue d'y rendre la navigation moins dangereuse, etc. Pour l'ensemble de ces immenses travaux, n'est-il pas probable que les prévisions de la première Sous-commission, qui évaluait la dépense à plus d'un milliard, seraient atteintes ou dépassées ?

Sans parler des barrages à établir dans les vallées de l'Aurès, des aqueducs, des canaux à construire ou à creuser pour assurer la distribution des eaux, des puits artésiens à forer ou à rétablir, des oasis à créer ou à augmenter en étendue, des reboisements à effectuer, etc., avec la somme qui devrait être dépensée en pure perte pour la réalisation non pas d'une mer intérieure, mais d'un vrai *cul-de-sac maritime*, que d'améliorations en tous genres ne pourrait-on pas obtenir, que de kilomètres de chemins de fer ne pourrait-on pas exécuter ! Comment peut-on vouloir consacrer des centaines de millions à l'établissement dans le golfe de Gabès d'un port ouvert à tous les vents et à la mise en communication de la Méditerranée avec les Chott El-Gharsa et Melghir, lorsque tout le monde a reconnu que pour doter Bizerte, relié par un chemin de fer à Tunis, d'un vaste port militaire et commercial il suffirait d'élargir le canal naturel qui y met la Guerah Tindja en communication avec la mer et de creuser à la drague les parties les moins profondes de ce lac (1).

(1) L'établissement d'un port à Bizerte serait une œuvre peu dispendieuse, d'une utilité incontestable, et non pas un projet chimérique comme celui de la prétendue mer intérieure. Le port de Bizerte, relié par un chemin de fer à Tunis, s'embranchant sur la ligne de la Medjerda, actuellement terminée, réduirait très notablement la longueur du trajet maritime entre la France, l'Algérie et la Tunisie, offrirait aux navires une sécurité qu'ils ne peuvent trouver sur aucun autre point de la côte tunisienne, affranchirait le commerce des exigences de la compagnie italienne du chemin de fer de Tunis à la Goulette, et l'embarquement pourrait y avoir lieu à quai avec une entière sécurité, au lieu d'avoir à s'effectuer en rade ouverte comme à la Goulette et dans tous les autres ports de la Tunisie.

Pour terminer cette conférence, que l'importance et l'étendue du sujet m'a fait prolonger peut-être pendant trop longtemps, je crois devoir exposer les motifs pour lesquels j'ai reproduit devant une assemblée aussi impartiale qu'éclairée les objections que j'ai faites à maintes reprises au projet de M. le lieutenant-colonel Roudaire, en m'attachant à donner un résumé presque complet des communications que j'ai faites à l'Académie des sciences, à la Société de géographie, à la Sorbonne dans une conférence de l'Association scientifique et surtout celui d'un travail étendu « *Sur le projet de création d'une mer intérieure* » (juin 1882).

J'ai saisi avec empressement l'occasion qui m'était offerte par la réunion de ce Congrès pour y exposer l'état d'une question qui, d'après mon éminent confrère M. de Lesseps, ne devait plus ni être discutée à l'Académie, ni être soumise à nouveau à la Commission supérieure, qui seule serait compétente pour la juger en dernier ressort et dont on paraît redouter le jugement définitif.

J'insisterai sur la gravité de la déclaration que M. de Lesseps a faite à l'Académie des sciences dans la séance du 21 juillet dernier, dans laquelle, revenant sur sa précédente déclaration du 7 juillet, où il annonçait la réunion prochaine de la Commission supérieure « qui aurait eu à expliquer si en conseillant au gouvernement de ne pas encourager l'entreprise, elle a eu l'intention de l'engager à s'opposer à son exécution » il a fait connaître en ces termes que la Commission supérieure ne serait pas réunie. « Ce matin même, a-t-il dit, j'ai eu l'honneur de m'entretenir avec M. le Président du Conseil, Ministre des Affaires étrangères, et pour mettre un terme à des controverses scientifiques menaçant d'être interminables, nous nous sommes mis d'accord pour renoncer au projet de convoquer l'ancienne commission de la mer intérieure. — Le groupe des fondateurs de l'entreprise Roudaire qui ont fait les frais des précédentes études (1) et qui désirent poursuivre l'exécution du projet, sont autorisés à commencer par établir, sans aucune subvention, un port à l'embouchure de l'Oued Melah, sur un point qui pourra servir plus tard d'amorce au canal maritime destiné à remplir le bassin des Chott » (2).

Je tiens également à bien établir les équivoques dans lesquelles se complaisent les partisans du projet qui s'efforcent de dénaturer la portée du vote de l'Académie et de celui de la Commission supérieure, en les présentant comme favorables au projet.

L'Académie des sciences ne s'est pas prononcée en faveur du projet de mer intérieure ; elle a seulement, par son vote, approuvé les conclusions du rapport qui lui était présenté sur l'opportunité de continuer les recherches dans la région des Chott. Elle n'avait pas à délibérer sur le texte du rapport, qui a été l'objet des réserves les plus formelles de la part de deux des membres de la Commission auxquels ce rapport a été soumis.

La Commission supérieure pour l'examen du projet de mer intérieure, réunie en 1882, n'a pas non plus approuvé le projet. Voici ses conclusions :

---

(1) Ce groupe de fondateurs a subvenu seulement aux frais de la dernière exploration de 1885, les autres ayant été exécutées aux frais de l'État.

(2) Je ferai remarquer qu'un passage important de cette communication de M. de Lesseps à l'Académie des sciences n'a pas été reproduit dans les *Comptes rendus*, bien qu'il ait été entendu par tous les membres présents et qu'il soit inséré dans le numéro de la *Revue scientifique* du 26 juillet 1884. Voici ce passage : « De son côté le Gouvernement s'engagerait pendant un certain temps à ne donner aucune concession sur les territoires aujourd'hui incultes qui font partie du projet Roudaire. »

» .....Considérant que les dépenses de l'établissement de la mer intérieure seraient hors de proportion avec les résultats qu'on peut en espérer ,

» Est d'avis qu'il n'y a pas lieu, pour le Gouvernement français, d'encourager cette entreprise. »

Ainsi que je l'ai dit dans la séance de l'Académie des sciences du 23 avril 1883 (*Comptes rendus*, p. 1195-1196), « pour l'établissement de la mer intérieure on ne demande, il est vrai, à l'État aucune subvention pécuniaire, mais simplement la concession d'une zone d'environ deux millions d'hectares de terres aujourd'hui incultes, autour de la future mer, ainsi que la concession de forêts dans l'Aurès. — « Les terrains et les forêts concédés qui seraient la principale et presque la seule source réelle de revenus pour la société qui se constituerait en vue de l'exécution des travaux, ne sont-ils pas une véritable *subvention* demandée à l'État, en vue de la réalisation d'un projet contre lequel la Commission supérieure, appelée à statuer en dernier ressort, au point de vue de l'intervention du gouvernement, a, après une discussion approfondie, conclu de la manière la plus formelle. »

Le gouvernement doit tenir compte de cette conclusion et il ne doit pas aliéner ses droits sur deux millions d'hectares qui sont loin d'être stériles et qui, en tout cas, peuvent être fertilisés, assainis, et sur de nombreux points être convertis en oasis, par des travaux dont l'exécution n'exigera certainement pas un capital se chiffrant par millions. Il ne doit pas non plus, par une concession de terrain même réduite, encourager un projet mal étudié (1) qui ne repose que sur des hypothèses, des omissions, des exagérations, des erreurs, et qui n'absorberait qu'en pure perte un énorme capital, qui , je me plais à le répéter, pourrait recevoir une destination évidemment utile au point de vue de l'agriculture, du commerce, de la colonisation et du développement de notre puissance militaire et maritime.

Ne serait-il pas réellement déplorable au point de vue de la colonisation que l'État se dessaisît d'immenses territoires, égalant en surface le quart de la Tunisie, l'étendue de quatre départements français, territoires dont la fertilité et la salubrité seraient assurés par des travaux qui n'exigeraient pas des centaines de millions et dont les résultats ne sont pas hypothétiques comme ceux que l'on prétend obtenir par la réalisation de la mer rêvée ?

Comme si ce n'était pas assez de compromettre la culture du Dattier, base de l'agriculture du pays, par l'influence maritime et le drainage inévitable des nappes aquifères, le projet Roudaire menace de tarir les cours d'eau les plus importants de la région, ceux qui prennent leur source dans les forêts de l'Aurès; en effet, la concession de ces forêts, demandée en vue de bénéfices immédiats, ne peut avoir, sur le régime de ces cours d'eau, qu'une influence des plus funestes.

Non ! l'État ne doit pas donner d'encouragement à une entreprise contre laquelle la Commission supérieure, bien que sous une forme adoucie, s'est

---

(1) M. Roudaire (*Mer intérieure africaine*, 1883) prétend maintenant qu'il pourra déverser par des tranchées, soit dans la mer, soit dans le Chott El-Gharsa, la masse semi-liquide du Chott El-Djerid, aussi n'admet-il plus pour le Chott qu'une profondeur de 20 mètres. Récemment encore il citait avec complaisance une observation de M. Tissot pour en démontrer l'immense profondeur. De telles contradictions sur les questions les plus importantes au point de vue technique suffisent pour prouver que la conception nouvelle ne repose, comme les antérieures, que sur des études insuffisantes et des hypothèses contradictoires. Or, quand il s'agit d'une dépense de centaines de millions et de l'avenir agricole d'une vaste contrée dont on veut bouleverser le régime des eaux ce n'est pas sur des hypothèses qui tiennent du roman que l'on doit s'appuyer, mais sur des faits rigoureusement établis.

formellement prononcée et que considèrent comme inutile et dangereuse tous ceux qui connaissent le mieux le pays et la question : MM. l'ingénieur Fuchs, Naudin, membre de l'Institut, le géologue Pomel, le géographe Mac-Carthy; la plupart des premiers collaborateurs de M. Roudaire, MM. Baudot, H. Le Chatelier, Parisot; M. P. Marès, M. l'ingénieur G. Rolland, secrétaire de la Commission supérieure; les membres de la Mission de l'exploration scientifique de la Tunisie, MM. Doùmet-Adanson, A. Letourneux, V. Reboud; M. le Dr Rouire, etc., et la plupart des officiers qui ont résidé dans la région des Chott ou qui l'ont explorée.

Depuis longtemps l'opinion publique aurait fait justice du roman scientifique de M. Roudaire sans le patronage de l'illustre créateur du canal de Suez, qui, séduit par l'apparence grandiose de l'entreprise, n'a pas vu l'influence désastreuse qu'elle aurait sur la colonisation et l'agriculture d'une région où les oasis sont presque l'unique source de richesse.

M. DOÛMET-ADANSON

Membre de la Mission de l'exploration scientifique de la Tunisie.

SUR LE RÉGIME DES EAUX QUI ALIMENTENT LES OASIS DU SUD DE LA TUNISIE

Après avoir contourné le grand massif montagneux de l'Aurès, la Région Saharienne, mieux appelée Région désertique, pénètre dans la Tunisie, dont elle occupe la partie méridionale jusqu'au pied des montagnes qui la séparent de la Tripolitaine. Vers l'est, cette région vient mourir à la Méditerranée en se relevant sensiblement aux abords du rivage; au nord, quoique limitée en apparence par une chaîne de montagnes basses qui se prolonge sous différents noms presque jusqu'à la mer, elle pénètre par plusieurs ouvertures jusqu'à la hauteur de Kairouan et de Sousse. Toutefois, ce n'est guère que dans la vaste dépression dont les Chotts El-Fedjej et El-Djerid (ces deux grands lacs salés sur lesquels on fondait de si grandes espérances pour la création d'une mer intérieure, alors que des nivellements exacts ne leur avaient pas encore donné une élévation de 20 à 30 mètres au-dessus de la Méditerranée) couvrent la partie la plus basse, qu'elle occupe le pays d'une façon complète et uniforme. Là, comme dans le Sahara Algérien, elle est formée de plaines argilo-sableuses, parfois de sables purs, couvertes d'une végétation d'un caractère particulier, entrecoupées de collines basses parfois pierreuses, et sillonnées d'érosions profondes offrant des berges abruptes, résultat de l'éboulement et de l'entraînement des terres par l'écoulement rapide des masses d'eau que des pluies rares, mais toujours torrentielles, déversent sur le sol pendant des périodes espacées souvent de plusieurs années consécutives.

On peut avancer que c'est à la sécheresse habituelle du sol et non à sa nature, pas plus qu'à des chaleurs excessives, que doit être attribuée l'aridité presque générale de cette contrée. La preuve en est que dès qu'une certaine quantité d'eau à l'état permanent vient imbiber suffisamment les terres, on voit se manifester une luxuriante végétation et une fertilité incomparable dans ce sol d'apparence ingrat et qui redevient promptement stérile dès qu'une cause quelconque fait disparaître de sa surface les eaux nécessaires à son arrosement. A ces conditions, malheureusement trop rares dans la région désertique, est due l'existence des belles oasis que l'on y rencontre et qui, vues de loin, paraissent comme autant de taches noires semées sur la surface fauve du pays. Donc, sans eau permanente, point d'oasis; sans les oasis, point de cultures possibles et partant misère et désolation absolue pour toute la contrée.

Ces quelques observations générales établissant d'une manière suffisante que la question du régime des eaux doit primer toute autre question lorsqu'il s'agit de l'avenir et de l'amélioration possible de la Région Saharienne, je ne m'y arrêterai pas davantage et circonscrirai cette communication dans l'étude des

eaux qui alimentent les oasis du sud de la Tunisie que vient d'explorer tout
dernièrement la mission scientifique française à laquelle j'avais l'honneur
d'appartenir. Je prendrai plus particulièrement comme type la merveilleuse
oasis de Tozzer, l'une des plus importantes parmi celles du Djerid ou pays
des Dattes.

L'oasis de Tozzer compte, paraît-il, près de quatre cent mille pieds de Dattiers appartenant pour la plupart aux variétés les plus recherchées ou les plus
productives. Elle est placée presque au bord du Chott El-Djerid, en face de sa
jonction avec le Chott El-Fedjej, qui n'est, en fait, que le prolongement du premier vers la Méditerranée, dont il est séparé par le relèvement du seuil de Gabès. Située dans une dépression du terrain assez profonde, bordée vers le nord
par des collines de sables provenant des détritus d'une formation de poudingues,
de Grès à gros grains et de Calcaires fossilifères dont on voit encore subsister
des lambeaux, elle est dominée au nord-est par un plateau argilo-sableux
s'étendant jusqu'au pied de la chaîne du Djebel Droumès, prolongement de celle
du Djebel Tarfaouï ; vers le sud-est et le sud, elle confine aux vastes terrains
salés argilo-vaseux qui entourent les Chotts, terrains occupés par des Salsolacées et recouverts, une grande partie de l'année, d'une épaisseur de 10 à 40 centimètres d'eau sur une étendue de plusieurs kilomètres.

Les eaux sont abondantes dans l'oasis de Tozzer. Elles sourdent au-dessous
de la couche de sables argileux par environ cent quarante orifices et forment
un cours d'eau considérable et rapide, lequel alimente, à l'aide de barrages,
presque tous d'origine romaine, les centaines de canaux et rigoles qui entre-
tiennent la fraîcheur dans l'oasis et donnent une merveilleuse fertilité à de
magnifiques jardins où croissent les arbres fruitiers les plus variés, la vigne et
beaucoup de légumes.

Nous venons de dire que les sources de Tozzer paraissent toutes sortir au
même niveau et au-dessous de la couche puissante de sables accumulés dont il
est question plus haut. Ce ne sont pas, à notre avis, des eaux artésiennes
profondes, comme on a essayé de l'établir en les confondant avec les eaux
véritablement chaudes qui s'épanouissent à la surface du sol dans certains
endroits, comme à l'oasis d'El-Hamma, que nous prendrons pour exemple.
Ce sont des eaux d'infiltration provenant du drainage par les sables des terrains
environnants, formant nappe lorsqu'elles arrivent à la couche imperméable,
et s'échappant naturellement dès qu'une dépression ou une érosion leur donne
une issue et un écoulement. De là provient cette multitude de bouches de sortie que l'on constate aux sources de l'Oued de Tozzer et sur son parcours. De
là aussi provient l'abaissement notoire du niveau de ces sources à mesure que
le cours d'eau approfondit son lit en creusant et entraînant les sables argileux ;
il est facile de comprendre, en effet, que la nappe d'eau tende à s'écouler toujours
par le point le plus bas. Cet abaissement du niveau de sortie des eaux est
même d'une grande importance à noter, car il est aussi la cause de la
réduction progressive de la surface de terrain arrosée et partant, de l'étendue
de l'oasis.

Cette réduction de l'oasis est nettement accusée par l'existence, à une assez
grande distance en amont des sources actuelles, et à un niveau plus élevé d'au
moins 10 à 12 mètres, de vieux pieds de Dattiers actuellement isolés et tombés
en décrépitude par suite du manque d'irrigation. J'ajouterai que cette partie
de la plaine est parsemée de nombreux spécimens morts, mais non *fossiles,*
ni même *subfossiles,* de *Mélanies* et *Mélanopsides,* mollusques fluviatiles dont

les congénères peuplent encore actuellement les eaux des oasis. Ces coquilles
n'ayant pu être transportées naturellement de l'Oued actuel sur un point d'un
niveau aussi supérieur, il est évident que les eaux ont disparu, du point où
elles sont, à une époque peu antérieure à nos jours, et qu'avec elles ont disparu
également les anciennes cultures dont nous ne retrouvons plus que de rares
témoins. Quelques valves de *Cardium* (espèce voisine du *C. edule*) gisent aussi à
la surface de ces terrains, mais cette espèce est là réellement fossile ; on ne peut
donc en tirer aucune preuve de l'existence d'une mer à une époque peu recu-
lée, d'autant plus que la présence de cette espèce dans les lambeaux de roches
voisins ne laisse aucun doute sur l'origine de ces valves éparses.

Les observations que nous venons d'exposer touchant l'origine et l'abaissement du niveau d'écoulement des eaux souterraines de Tozzer, de même que
la conséquence que nous en avons déduite de la diminution de l'étendue de
l'oasis, peuvent s'appliquer à toutes les oasis du Djerid et notamment à celles du
groupe de l'Oudiane (Degach, Kriz, Cededa , etc.), de même qu'à celles d'El-
Hamma et de Nefta et à tant d'autres encore. Il en est résulté pour moi la
conviction que pour détruire en peu de temps toutes les oasis du Djerid, il
suffirait d'interrompre par une tranchée assez profonde, c'est-à-dire à un niveau inférieur au sien, la nappe d'eau qui les alimente. Donc, un canal, inférieur au niveau de la mer sur une longueur de plus de 200 kilomètres,
comme celui qui devrait amener les eaux de la Méditerranée dans le Chott
Melghir, en supposant qu'il soit exécutable, serait un véritable collecteur de
drainage qui tarirait toutes les sources de cette région et ruinerait le pays en
détruisant toutes les oasis. Cette opinion, émise aussi par notre éminent
confrère M. Letourneux dans une lettre communiquée à l'Académie des sciences
par le président de la Commission scientifique de Tunisie, est également par-
tagée par tous les membres de la Mission et, je ne crains pas de le dire, par
tous les officiers de l'armée d'occupation qui ont séjourné quelque temps
dans le Djerid.

A l'abaissement du niveau d'écoulement des eaux souterraines venant s'ajou-
ter une autre cause importante de destruction pour les oasis, celle du transport
par les vents et de l'accumulation des sables dans les dépressions du terrain
où elles se trouvent, il est facile d'expliquer l'extinction complète d'un grand
nombre d'oasis dont l'existence passée n'est plus accusée de nos jours que par
les débris infertiles des anciennes plantations de Dattiers. Il n'est pas moins
aisé de se représenter l'état de la Région Saharienne, si les oasis venaient à en
disparaître.

Je terminerai cette communication basée sur les observations que j'ai été à même
de faire pendant mes deux missions de 1874 et de 1884 dans le sud de la Tunisie,
en exprimant la pensée que les efforts et les sacrifices devraient surtout ten-
dre à maintenir, sinon même à élever le niveau actuel d'écoulement des eaux
qui arrosent les oasis. A défaut de l'autorité qui peut manquer à celui qui a
l'honneur de parler en ce moment devant vous, je pourrai invoquer celle des
Romains, nos prédécesseurs et nos maîtres en matière de colonisation africaine.
Les immenses et nombreux travaux d'endiguements, de barrages, de conduites,
de captation et de distribution d'eau, laissés par ce peuple géant, tant dans les
oasis que dans les parties montagneuses du pays, prouvent qu'il envisageait la
question sous le même jour que nous. C'est ainsi que, sans avoir à faire intervenir une modification dans le régime pluviométrique, on s'explique comment
les Romains avaient fait de la Tunisie l'une de leurs plus riches colonies.

Sachant mettre à profit la grande expérience de ces grands et habiles colonisateurs et ajoutant aux améliorations matérielles la régénération intellectuelle et morale des populations, la France, sans se lancer imprudemment, elle et ses milliards, dans une entreprise dont les résultats utiles sont des plus contestables, saura, espérons-le, devenir, non pas la dominatrice redoutée, mais au contraire la bienfaitrice aimée d'un pays ruiné par quinze siècles de despotisme et d'ignorance.

M. le Docteur ROUIRE

Médecin aide-major à l'hôpital militaire du Gros-Caillou, à Paris.

LA MER INTÉRIEURE AFRICAINE

I

Mesdames et Messieurs,

Vous connaissez le fait géographique si important et si inattendu qui nous a été révélé à la suite de l'expédition tunisienne. Un grand bassin hydrographique a été découvert dans la Régence. Nous pouvons dès aujourd'hui le nommer bassin du lac Kelbiah; nous pourrions également le nommer de son appellation ancienne, bassin du lac Triton : j'en donnerai tout à l'heure les

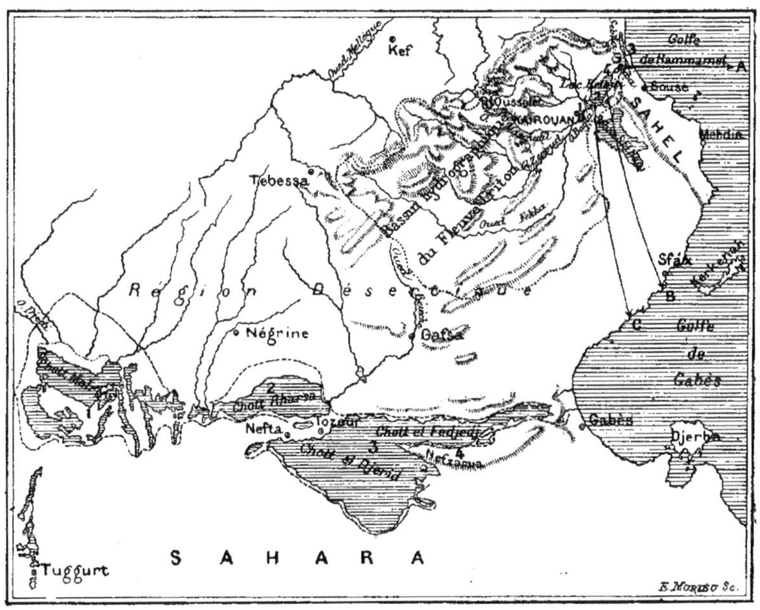

Fig. 4. — La Tunisie centrale en 1883.

preuves. Ce nouveau bassin hydrographique occupe à la surface de la région tunisienne une portion du sol supérieure à celle qu'occupe le bassin de la Medjerdah lui-même. Il embrasse toute l'étendue du plateau central tunisien, toute l'étendue de la vaste plaine de Kaïrouan. Sa superficie peut être évaluée à 2,200,000 hectares, l'étendue moyenne de quatre départements français.

De Tebessa jusqu'au midi de la presqu'île du cap Bon, une grande artère traverse dans toute son épaisseur la Tunisie centrale, et va se jeter, au nord

de Sousa, dans le golfe de Hammamet. Dans son parcours, en aval de Kaïrouan,
le fleuve se renfle en dilatations successives auxquelles on a donné le nom de
Bagla, de lac Kelbiah et de sebkha Djériba. Au sortir du lac Kelbiah, à neuf
kilomètres de la mer, le fleuve disparaît, pour ainsi dire : il n'est plus représenté que par un thalweg sans berges, que par une sorte de canal d'écoulement
par où le lac Kelbiah, à l'époque des crues, déverse le trop-plein de ses eaux
dans la sebkha Djériba d'abord, dans la mer ensuite avec laquelle cette sebkha
communique. Dans son parcours total, le fleuve mesure 275 kilomètres, longueur qui se rapproche de celle du Tibre et de la Guadiana (fig. 4).

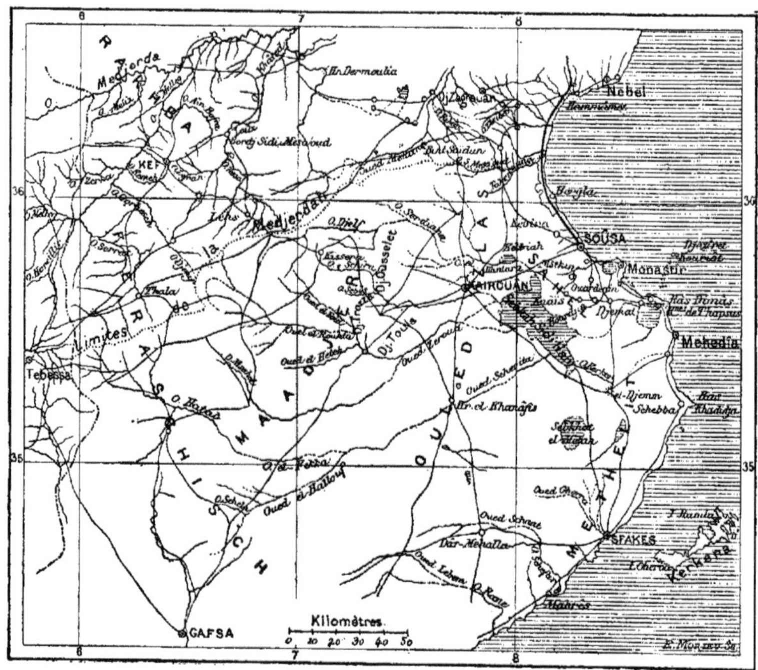

Fig. 5. — La Tunisie centrale en 1881, d'après Kiepert.

Si invraisemblable que cela puisse paraître au premier abord, la continuité
et le long parcours de cette artère maîtresse de la région tunisienne sont
restés des faits ignorés jusqu'au dernier quart du XIXᵉ siècle. Avant notre prise
de possession de la Régence, les connaissances géographiques que nous possé-
dions sur la Tunisie centrale étaient à peu près nulles. L'origine, la direction,
la terminaison des cours d'eau qui sillonnaient le pays nous étaient inconnues.
Aux portes de l'Algérie, la Tunisie centrale était restée un pays aussi inexploré
que certaines portions de l'Asie Mineure, de l'Arabie ou du grand plateau
central asiatique. De toute cette région, on n'avait guère parcouru que les
tracés de route de Tunis et de Sousa à Kaïrouan. D'après les indications des
cartes françaises, allemandes, italiennes, aucune des nombreuses rivières qui
descendent du plateau central tunisien n'aurait prolongé son cours jusqu'à la mer
(fig. 5). Une grande sebkha située dans l'intérieur des terres, au sud de Kaïrouan,

à mi-chemin de cette ville et du littoral, aurait recueilli toutes les eaux. Dans la vaste dépression de Sidi-el-Hani, successivement et par filets isolés tous les cours d'eau qui ne sont pas tributaires de la Medjerdah et des Chotts seraient venus s'accumuler, puis disparaître. Le lac Kelbiah, au contraire, marqué d'un pointillé indécis, réduit à des proportions minuscules, représenté comme situé fort avant dans les terres, à 35 ou 40 kilomètres du littoral, n'aurait été alimenté par aucun affluent important.

Toutes ces indications, toutes ces données étaient inexactes.

A ceux que l'étude de la géographie intéresse et qui ont eu le bonheur d'explorer les premiers la Tunisie centrale, il était réservé de marcher de surprises en surprises. Chaque pas, on peut le dire, entraînait une découverte nouvelle, amenait la rectification d'une erreur ancienne. Nos yeux voyaient se reconstituer, fragments par fragments, un système hydrographique dont nul en Europe ne soupçonnait l'existence. Les cours d'eau désignés à peine par des lignes hypothétiques devenaient des réalités, prenaient corps, s'allongeaient vers la mer, se réunissaient les uns aux autres. Un thalweg unique se dessinait depuis Tebessa, à l'extrême frontière algérienne, jusqu'au golfe de Hammamet. Dans ce thalweg venaient se réunir toutes les eaux de la Tunisie centrale, et le lac Kelbiah devenait leur réservoir commun. Par contre la sebkha de Sidi-el-Hani demeurait, elle, isolée en pleine terre. Tout le système hydrographique du pays se trouvait bouleversé. Le bassin d'alimentation qu'on avait attribué d'abord à la sebkha de Sidi-el-Hani n'était autre que le bassin même du lac Kelbiah. Après dix-huit siècles, la Tunisie centrale nous révélait son unité hydrographique. Elle avait son bassin spécial et distinct, tout comme la Tunisie du Nord.

<h2 style="text-align:center">II</h2>

Si l'hydrographie de la Tunisie centrale était si peu connue de la fin du xixe siècle, la géographie ancienne du pays, on le comprendra sans peine, ne pouvait être qu'une énigme indéchiffrable pour les générations contemporaines. Un problème, le plus important, sans conteste, de tous ceux qui intéressent la géographie du bassin méditerranéen, nous a été laissé à résoudre par les historiens et les géographes anciens. Depuis un siècle, il a été, en Europe, l'objet des dissertations les plus savantes, des discussions les plus approfondies. Hier encore, il attendait sa solution définitive.

Au ve siècle avant notre ère, la mer, chose unique en Afrique, pénétrait par une échancrure profonde dans les terres de Libye. Cette mer, Hérodote et Scylax en étaient les contemporains et l'appelaient baie de Triton. Dans les livres de ces auteurs se trouvent les plus minutieux détails sur l'emplacement précis, la longueur de ce bras de mer, la présence, à l'entrée de la baie, d'une île que les eaux couvraient et découvraient tour à tour, l'existence d'un grand fleuve qui venait y aboutir. Plus tard, les géographes et les historiens qui vivaient vers le i^{er} et le iie siècle de notre ère, Pomponius Méla, Pline, Ptolémée, parlent du lac Triton, du grand fleuve qui s'y déverse, de la montagne où ce fleuve prend sa source, de la région qu'il traverse. Le grand nombre et la concordance des témoignages anciens, le luxe de détails dont les géographes d'autrefois ont accompagné leurs descriptions, ne laissent guère de doutes sur l'existence de la mer antique, sur la véracité des renseignements transmis.

Aujourd'hui cependant, sur la côte tunisienne ou tripolitaine, nulle part, on ne voit les eaux de la Méditerranée se mêler à celles d'un grand lac intérieur. Nulle part, les marins qui longent le littoral, de Hammamet à Tripoli, ne trouvent un indice quelconque qui puisse faire supposer qu'autrefois la mer s'avançait en anse profonde au milieu du continent. Dans quelles terres mysté- rieuses avait donc autrefois pénétré la baie de Triton? Comment cette baie a-t-elle disparu? Ne nous a-t-elle laissé aucune trace de son passage? Sur ce sujet, comme sur bien d'autres, la terre africaine s'obstinait à ne pas nous révéler son secret.

Le problème était bien fait cependant pour passionner tous ceux qui, pré- parés par des études antérieures, pouvaient explorer avec fruit ce coin de l'Afrique. Au xviiie siècle, le Dr Shaw, qui parcourait le sud de la Régence, fut le premier qui crut reconnaître dans l'emplacement actuel des chotts les restes de l'ancienne mer Tritonienne. Rennell partagea sa manière de voir. En Alle- magne, Mannert, ne pouvant arriver à concilier les données des anciens géographes avec la topographie du littoral de Gabès, prétendit que la mer de Triton, comme le lac de Triton, n'avait jamais existé, que les détails transmis par les anciens sur ce bras de mer devaient être relégués au rang des fables, au rang des légendes que la poésie divinise, mais que l'histoire doit répudier. En France, nos plus illustres archéologues se déclarèrent partisans des idées anglaises. Un homme que les soucis des consulats et des ambassades ne purent jamais détourner du culte passionné des belles-lettres, M. Tissot, voulut attacher son nom à la solution de ce grand problème. Le lac de Triton (*De Tritonide lacu*) fut le sujet de la thèse de doctorat qu'il soutint en 1863 devant la faculté des lettres de Dijon. Dans cette œuvre de laborieuse érudition, pour la première fois la théorie de l'identification de la baie de Triton et des chotts apparut, appuyée sur des documents nombreux, sur des données sérieuses et sur des considérations scientifiques.

Forte d'un tel patronage, la théorie fut accueillie avec faveur dans le monde archéologique. Quelques années elle régna, et elle régna sans conteste. Ce fut alors qu'un capitaine d'état-major français, chargé de prolonger la méridienne au sud de Biskra, M. Roudaire, crut pouvoir dégager de cette théorie un côté essentiellement pratique, y trouver le point de départ d'une de ces œuvres d'utilité réelle, qui font l'orgueil et la gloire d'un siècle et d'un pays, même quand ce siècle et ce pays sont grandis par le percement de Suez et de Panama. La théorie de M. Tissot, M. Roudaire la fit sienne, la popularisa en quelque sorte en lui donnant toute l'importance d'un grand travail, d'un grand devoir à accomplir. La restauration de l'ancienne mer de Libye, tel fut le point de départ du projet grandiose qui, dans la pensée de son auteur, devait emmener les eaux de la Méditerranée battre le pied des contreforts de l'Aurès.

La conception pratique de M. Roudaire fit descendre la question des hautes sphères archéologiques où jusque-là elle s'était maintenue. Les ingénieurs, les explorateurs, les géographes s'en occupèrent. Dès lors aussi commença le travail de lente destruction qui, malgré les efforts convaincus et tenaces de son auteur, devaient aboutir à l'écroulement de ses théories.

M. Pomel ne tardait pas à démontrer que la mer n'a point envahi le Sahara au commencement de la période actuelle, car elle n'y a point laissé de traces de son passage. M. Fuchs reconnaissait que le seuil de Gabès était formé non de couches de sables ou d'alluvions récentes, mais d'assises de grès, de gypse et de calcaire, et que ce seuil était élevé d'une moyenne de 46 mètres au-dessus du niveau de la mer. Au mois de juin 1875, le marquis Antinori conduisait sur le littoral de Gabès une mission scientifique italienne et concluait laconiquement que jamais là n'avait été l'ancienne mer intérieure. Au sein de l'Académie des sciences, des voix autorisées s'élevèrent, protestant et contre l'assimilation des chotts à la baie de Triton et contre les conséquences que voulait déduire de cette assimilation le promoteur de la restauration de l'antique mer Africaine.

Devant tant d'objections accumulées et si concluantes, les partisans de la mer Saharienne historique restaient désarmés. Diverses missions scientifiques envoyées sur les chotts et à la tête desquelles se trouvait M. Roudaire lui-même ne pouvaient arriver à fournir les moindres preuves à l'appui de la théorie ancienne. Tout au contraire. A la suite de l'expédition de 1875, il fut démontré que, si le lit du chott Melrhir se trouvait au-dessous du niveau de la mer, le lit du chott Djérid, de beaucoup le plus étendu d'ailleurs, se trouvait, par contre, tout entier au-dessus de ce même niveau. L'expédition de 1878 n'aboutit, elle aussi, qu'à des résultats négatifs, et le chef de la mission était obligé d'en convenir lui-même. « Notre dernière exploration géologique, disait-il dans un rapport adressé à M. le Ministre de l'Instruction publique, ne nous a fourni aucune preuve matérielle qui nous permette d'établir que le bassin des chotts a été un golfe de la Méditerranée pendant la période historique. »

III

Ainsi qu'on peut le voir, M. Fuchs, M. Pomel, le marquis Antinori avaient fait intervenir un élément nouveau dans le débat. Contre l'assimilation des chotts à la baie de Triton, ils avaient invoqué le témoignage des assises géologiques du seuil de Gabès. Une face toute nouvelle du problème avait été réservée. On ne se demandait pas si les indications topographiques des chotts répondaient bien aux données des historiens anciens, en d'autres termes, si l'adaptation que l'on faisait des textes à la région de Gabès était sérieusement justifiée. Et, cependant, quelqu'un qui eût voulu faire une étude impartiale et approfondie des textes anciens eût pu s'assurer, dès cette époque, que cette adaptation était forcée, qu'elle était inexacte, qu'elle était même incomplète.

Scylax avait dit que le bras de mer africain avait un pourtour de mille stades, soit 185 kilomètres (1). Or, la prétendue mer intérieure retrouvée par M. Roudaire atteignait dans son périmètre un développement de plus de 1.000 kilomètres, et cette mer se serait avancée jusqu'au milieu de la province de Constantine, couvrant tout le sud de la Numidie et de la Byzacène ! Elle eût formé une petite Adriatique !

Hérodote avait dit (2) que les vierges libyennes, montées sur des chars, faisaient en une promenade le tour du lac à l'époque des fêtes de Minerve ! Qui ne comprend combien il serait absurde d'admettre cette promenade en char autour d'un lac qui occupe en longueur tout le sud de la Tunisie ?

D'après les partisans de l'assimilation des chotts et de la baie de Triton, la mer antique serait formée de la réunion des trois chotts Melrhir, Rharsa et

---

(1) Scylax, Périple, § 110.

(2) Hérodote, livre IV. Voir la carte, fig. 4, où se trouvent les dimensions de la baie de Triton, d'après M. Roudaire.

Djérid. Et cependant, un de ces chotts est élevé en moyenne de 25 mètres au-dessus du niveau de la mer, et précisément c'est celui qui se trouve jeté comme un pont gigantesque entre les deux chotts intérieurs et la mer ? Quelle cause physique eût jamais pu produire cet exhaussement considérable d'une surface de 8,000 kilomètres carrés constituant à elle seule toute l'épaisseur de la Tunisie méridionale?

Les anciens avaient aussi parlé d'une île de Phla (1) qui se trouvait à l'entrée de la baie de Triton, et l'on voulait voir cette île dans le pays du Nefzaoua, dont une partie s'avance en pointe dans le chott, mais qu'une chaîne rocheuse continue et élevée soude au reste du continent !

D'après Ptolémée (2), le fleuve Triton venait aboutir à la mer, et l'on assimilait à ce fleuve Triton l'oued Djeddi, qui ne se jette pas dans la mer, mais bien dans le chott Melrhir, à plus de 300 kilomètres du golfe de Gabès. Du lac de de Libye Ptolémée faisait couler le fleuve Triton dans le lac de Pallas et dans le lac Triton. Or, le lit du chott Melrhir est bien au-dessous du niveau de la mer, le chott Djérid bien au-dessus. Comment aurait-il pu se produire un courant vers ce golfe ? Les chotts ne forment pas d'ailleurs un bassin hydrographique unique, mais bien un groupe de bassins, chacun d'entre eux étant indépendant l'un et l'autre et ayant un bassin d'alimentation distinct. A la vue de tant d'impossibilités géographiques ou géologiques, qui n'aurait été tenté de se ranger à l'opinion de Mannert, et de croire, comme lui, que l'ancienne mer Tritonienne n'avait dû être qu'un mythe pareil à celui du Jardin des Hespérides ou à la fable de l'Atlantide ?

IV

Mesdames et Messieurs, cette mer libyque a existé pourtant. L'erreur de tous ceux qui ont voulu trouver l'emplacement de l'ancienne mer intérieure africaine a été de rechercher cet emplacement dans la Tunisie méridionale, là où jamais, aux temps historiques et même aux temps quaternaires (3), la mer n'a pu pénétrer. C'est la Tunisie centrale, cette « terra incognita », qui détenait le secret historique et géographique perdu depuis dix-huit siècles pour le monde européen.

Le lac Kelbiah est l'ancien lac Triton. Ce lac constitue encore aujourd'hui la nappe d'eau la plus importante de l'Afrique du Nord. Il a 45 kilomètres de pourtour à ses basses eaux, une longueur de 18 kilomètres. Il contient de l'eau en toutes saisons. Sa surface a été évaluée, en avril 1883, par un ingénieur, M. de Campou, à 13,000 hectares; sa profondeur à $3^m,50$, son volume à 350 millions de mètres cubes.

La mer intérieure africaine est représentée aujourd'hui par le lac Kelbiah et la sebkha Djériba, qui le prolonge et qui communique avec la mer. Les limites de la baie de Triton sont toujours reconnaissables dans l'intérieur des terres. De hautes falaises, les falaises d'El-Homk, marquent au midi les rivages extrêmes atteints par les eaux. Autour de l'extrémité méridionale du lac Kelbiah, les terres du plateau d'El-Homk, chutent brusquement, décrivant autour de la nappe d'eau une muraille plus ou moins complètement ver-

(1) Scylax, § 11. — Hérodote, livre IV. — Pomponius Méla, cap. VII, *De situ orbis.* Voir carte, fig. 4.
(2) Ptolémée, livre consacré à l'Afrique.
(3) *Le Sahara*, G. Rolland, Communication à l'Académie des sciences, 1er juin 1884.

ticale dont les parois abruptes se dressent à plus de 60 mètres au-dessus du niveau des eaux du lac. Sur tout le pourtour de cette muraille, dans les parties inférieures, les terres marno-sablonneuses qui la forment se sont dégradées sous le choc réitéré des vagues, se sont creusées successivement ; les parties supérieures, mises en surplomb, se sont ébranlées, et ont été précipitées dans le bas. L'action des eaux a été d'autant plus efficace que les terres, par leur nature sablonneuse, se sont montrées plus délayables et plus faciles à désagréger. Tout, sous les yeux, atteste l'existence d'une ancienne côte, qui a été bouleversée alors que le plateau présentait ses tranches à l'action des eaux.

La mer Tritonienne était bornée, au nord, par la chaîne des Souatirs ; au midi, par le plateau d'El-Homk ; entre le plateau d'El-Homk et les Souatirs, par le seuil où s'est ouvert un chemin le fleuve qui, sous le nom de Bagla, amène au lac Kelbiah toutes les eaux de la Tunisie centrale (fig. 4). Elle avait une longueur de 45 à 48 kilomètres environ, et un pourtour, comme l'a dit Scylax, avec une précision mathématique, de 185 kilomètres. Ce n'était pas, on le voit, une immense mer intérieure ayant plus de 400 kilomètres de long, plus de 1,000 kilomètres de pourtour et venant expirer aux pieds des contreforts de l'Aurès. Le golfe de Triton a été un bras de mer modeste. Il a été semblable à tous les étangs qui bordent le bassin occidental de la Méditerranée ; seulement il en était le plus vaste et le plus digne d'attirer l'attention, puisqu'un des plus grands fleuves de cette portion de l'Afrique venait y aboutir.

Le fleuve Triton n'est autre que l'oued Bagla, qui se jette aujourd'hui dans le lac Kelbiah. Comme l'ancien Triton, qui, au dire de Ptolémée, descendait du mont Ousaleton, le Bagla, par sa branche septentrionale, nommée Marcuelil, naît en arrière du mont Ousselet, dont le nom s'est ainsi maintenu dans le pays depuis dix-huit siècles. Les trois lacs de Pallas, de Libye et de Triton, situés sur le parcours du fleuve Triton, sont aujourd'hui les lacs de Bagla et de Kelbiah et la sebkha Djériba. L'île elle-même dont parle Hérodote et Scylax est encore visible toutes les fois que le lac Kelbiah dégorge et communique avec la mer. C'est un îlot qui apparaît alors, limité au couchant par le lac Kelbiah, à l'orient par la sebkha Djériba, au nord et au midi par une bifurcation du canal d'écoulement qui fait communiquer le lac Kelbiah avec la mer. Cet îlot est bien à la place qu'indiquaient Hérodote et Scylax. Dès leur entrée dans la baie, les eaux se divisaient au pied même de l'île, et de là allaient se répandre sur le continent (fig 4).

V

Ainsi, sources, parcours et embouchure du fleuve Triton, aspect du pays traversé, lacs dans lesquels il se déverse successivement avant de se rendre à la mer, tout se retrouve identique sur le parcours du Bagla. Quant aux détails qui nous ont été transmis sur les dimensions du golfe de Triton, sur l'étroitesse de sa communication avec la Méditerranée, sur l'île qu'on voyait au reflux des eaux, ils sont d'une extrême précision et encore aujourd'hui il est permis d'en contrôler la rigoureuse exactitude. Les discussions n'ont cependant pas manqué de s'allumer sur ce sujet. Je ne puis les raconter ici ; j'abuserais certainement de l'attention que vous voulez bien m'accorder. Qu'il me soit permis toutefois de vous exposer les preuves nouvelles apportées depuis l'année dernière dans ce débat, les éléments nouveaux qui sont intervenus dans cette discussion.

Quand je publiai mes études premières sur l'identification du lac Kelbiah et du lac Triton, plein de confiance dans les citations épigraphiques que centralisait l'étude de M. Roudaire, je crus que l'antiquité ne nous avait pas laissé d'autres documents sur cette question. Or, bien que l'emplacement de la mer de Triton fût un problème discuté partout depuis un siècle, en Angleterre, en Allemagne et en France, les documents que nous connaissions étaient loin de représenter tout ce que l'antiquité nous avait légué sur ce sujet.

Des textes d'une importance capitale n'avaient pas été mentionnés; d'autres n'avaient pas été suffisamment lus, suffisamment élucidés; d'autres enfin avaient été déclarés inexplicables ou détournés de leur signification réelle à l'aide de subtils commentaires. Ce n'étaient, avec une portion incomplète des textes anciens, qu'à force de pénibles et laborieuses interprétations qu'on était parvenu à asseoir la théorie de l'identification des chotts et de la baie de Triton.

Chose singulière, c'étaient précisément les textes qui nous indiquaient la situation géographique de cette fameuse baie de Triton, du lac Triton et du fleuve Triton, qui n'avaient pas été cités. Les anciens, en effet, qui ont décrit minutieusement toutes les particularités de cette mer, avaient aussi parlé de son emplacement; les uns, comme Scylax et Ptolémée, d'une manière précise; les autres, comme Pomponius Méla et Pline, d'une manière plus vague, mais suffisamment claire encore.

La mer de Triton, d'après Scylax (1), se trouve au nord d'Hadrumète, entre cette ville et Néapolis, aujourd'hui Nébeuil. Elle forme le fond du grand golfe qui s'étend d'Hadrumète à Néapolis, c'est-à-dire le fond du golfe de Hammamet actuel.

D'après Ptolémée (2), le fleuve Triton est le fleuve qui vient immédiatement au midi après celui du Bagradas (la Medjerdah actuelle). Ce fleuve est celui qui est situé entre Carthage et Hadrumète.

Enfin, d'après Pomponius Méla (3), le lac Triton est situé au haut du golfe de Gabès, c'est-à-dire au nord.

D'après Pline (4), le même lac Triton est situé dans la région adjacente au golfe de Gabès, et cette région ne peut être, dans sa pensée, que la région nord.

Partout, les indications anciennes correspondent soit à la situation géographique du lac Kelbiah, soit à celle de l'oued Bagla actuel.

Une erreur aussi a pu être redressée: c'est celle qui a trait à la situation géographique du lac Triton et des Syrtes (5).

D'après les partisans de l'identification des chotts et de la baie de Triton, les anciens auraient fait communiquer le lac Triton avec la petite Syrte, c'est-à-dire avec le golfe de Gabès. La situation géographique du lac Triton et du fleuve Triton a été déterminée, en effet, non seulement par rapport aux villes,

(1) Scylax, § 110.

(2) Ptolémée, *Description de l'Afrique (Comptes rendus de l'Académie des Inscriptions*, 18 janvier 1884).

(3) Pomponius Méla, cap. VII, *De situ orbis (Comptes rendus de l'Académie des Inscriptions*, 29 août).

(4) Pline, *Histoire naturelle.* — Mémoire lu à l'Académie des Inscriptions *(Comptes rendus de l'Académie des Inscriptions*, 29 août 1884).

(5) *Comptes rendus de l'Académie des Inscriptions*, 29 août 1884.

aux montagnes et aux fleuves avoisinant, mais aussi par rapport aux deux golfes qui limitent la Tunisie à l'orient. Or, aucun auteur ancien n'a fait communiquer la baie de Triton avec le golfe de Gabès. Aucun, quoi qu'en ait dit M. Roudaire, parmi ceux qui décrivent le plus minutieusement ce golfe, ne fait allusion à cette prétendue communication. Aucun, enfin, n'a dit que le lac Triton fût au fond du golfe de Gabès. Quand les anciens ont eu à déterminer la position du lac Triton, par rapport au golfe de Gabès, ils ont dit que ce lac se trouvait dans la région adjacente à ce golfe, au haut de ce golfe, comme dit Pomponius Méla, ou à côté *en deçà*, comme dit Pline. Quand ils ont eu à déterminer cette position par rapport au golfe de Hammamet, ils ont dit au contraire que la baie de Triton formait le fond du golfe de Hammamet.

Un passage de Pline (1) resté jusqu'à nos jours incompréhensible (et il l'était en effet pour tous ceux qui voyaient dans les chotts l'ancienne mer de Triton) est devenu enfin parfaitement explicable, dès qu'on a compris ce qu'il voulait désigner, c'est-à-dire la situation géographique du lac Kelbiah. La tactique qui a consisté à opposer les textes les uns aux autres, a été une tactique vaine. Rarement, sur une question de géographie et d'histoire, l'antiquité nous a donné un tel exemple d'unanimité et d'accord.

La géologie et la topographie du pays viennent d'ailleurs de tous points corroborer les données des anciens. Les causes qui ont amené la disparition de ce golfe peuvent être scientifiquement déterminées (2). La disparition de la baie de Triton a eu lieu pendant la période qui sépare Scylax de Pomponius Méla. Sous l'action des vents nord-est sud-est, un cordon littoral se forma au midi d'Erghéla. La nappe d'eau du Triton se trouva ainsi isolée du golfe de Hammamet. L'évaporation la dessécha en partie. Les eaux se retirèrent dans les dépressions les plus profondes, puis disparurent. Seul, un grand lac resta, le lac Triton, parce que dans son lit s'accumulaient toutes les eaux de la Tunisie centrale, amenées par le fleuve Triton. Le pays entre le lac Kelbiah et le littoral actuel n'en a pas moins conservé en partie sa physionomie ancienne. Toute cette région est semée d'étangs et de sebkhas qui se remplissent en hiver, et le littoral rappelle alors, par son aspect, notre côte languedocienne découpée d'étangs qu'isolent de la mer des isthmes sablonneux.

Le travail de transformation ne s'est pas borné d'ailleurs à la modification des contours du littoral. Séparée du golfe de Hammamet par un cordon littoral, l'ancienne baie de Triton recueillit, concentra dans son lit toutes les alluvions arrachées aux montagnes par le fleuve Triton. Son fond devait subir par conséquent un exhaussement proportionnel à la quantité d'alluvions charriée dans son lit.

C'est ce qui a eu lieu en effet. Dès le deuxième siècle de notre ère, Ptolémée fait couler le fleuve Triton dans le lac Triton, avant de faire déverser ce fleuve dans la mer, ce qui veut dire que, dès cette époque, la portion de l'ancienne mer qui constituait le lit du lac Triton était au-dessus du niveau de la mer. Or, le lac Kelbiah réalise cette condition. Des études sur le régime hydrographique du lac Kelbiah viennent d'être faites par un ingénieur, M. de Campou, D'après ces études, le lac Kelbiah se trouve à l'époque actuelle à 15^m,50 au-dessus du niveau de la mer. M. de Campou a cru même pouvoir déterminer l'exhaussement annuel du fond du lac, au moins d'une manière approximative.

(1) *Comptes rendus de l'Académie des Inscriptions,* 29 août 1884.
(2) *Comptes rendus de l'Académie des Sciences,* 16 juin 1884.

Le volume d'eau moyen annuel qu'envoie le fleuve Bagla dans le lac Kelbiah est de 200 millions de mètres cubes. Ces eaux sont fortement chargées de limon. En prenant comme point de départ la quantité de limon charriée par le Nil, c'est-à-dire en comptant sur 1/120 de limon, le cube de limon charrié par le Bagla est de 1,666,666 mètres cubes. En répartissant ce nombre de mètres cubes sur une surface de 8,000 hectares, qui est celle du lac Kelbiah à ses plus basses eaux, M. de Campou évalue l'exhaussement annuel du fond du lac à 0^m,02 (deux centimètres), et il en conclut qu'à l'époque romaine ce fond était situé à 10 mètres au-dessous du niveau de la mer. J'aurais quelques réserves à émettre dès aujourd'hui sur les chiffres d'exhaussement annuel auxquels s'est arrêté M. de Campou. Je ne crois pas que son évaluation puisse être considérée comme une évaluation définitivement acquise à la science. Je la crois trop élevée, pour ma part. Le lac Kelbiah, en effet, a pu, à une époque récente, couvrir une surface plus considérable, et les terres alluvionnaires se déposer sur une surface supérieure à 8,000 hectares. Des études ultérieures viendront nous fixer sur ce point. Mais ce qui est hors de toute contestation, c'est le fait de l'exhaussement progressif, continu et annuel d'une partie du lit du lac Kelbiah, dont la cause toute naturelle est l'apport de l'oued Bagla. J'ajouterai que quand M. de Campou émettait de pareilles conclusions, il ignorait le résultat de mes études.

Cette remarque, tout le monde en appréciera la valeur.

VI

La découverte de la mer intérieure africaine non seulement détruit le point de départ, l'idée première qui a présidé au projet de M. Roudaire, mais elle entraîne aussi, au point de vue historique, l'écroulement de la partie économique de ce projet.

La création de la mer intérieure, dans la pensée de son auteur, répondait à deux buts : l'amélioration du climat, l'amélioration de la qualité des terrains de la Tunisie méridionale. Pour démontrer la possibilité de cette double amélioration, M. Roudaire s'appuyait sur l'autorité des anciens. Dans la dernière brochure qu'il a publiée en réponse aux conclusions défavorables à son projet émises par la Commission supérieure, son auteur, pour faire ressortir le côté rémunérateur de l'entreprise, vante la richesse exubérante des terres avoisinant la baie de Triton. « Il est incontestable, dit-il, que du temps des Romains, à l'époque où les bassins des chotts étaient pleins d'eau, le sud de l'Algérie et de la Tunisie était incomparablement plus fertile que de nos jours. » M. Roudaire citait à l'appui de cette thèse les paroles suivantes de Scylax : « Les bords du lac (Triton) sont habités tout autour par les peuples de Libye, dont la ville est située sur la côte occidentale. Tous les peuples sont appelés Libyens, et malgré leur teint jaunâtre, ils sont naturellement fort beaux. Le pays qu'ils habitent est excessivement riche et fertile; de là vient qu'ils se nourrissent beaucoup et qu'ils ont de nombreux troupeaux. »

Et il concluait : « Les régions voisines étaient donc fertiles lorsque les chotts contenaient de l'eau; elles sont devenues stériles lorsque les chotts se sont desséchés; c'est là surtout le fait historique qui nous intéresse. »

Ce sont les propres paroles de M. Roudaire.

Dans le texte, elles sont imprimées en italiques.

S'appuyant sur cette idée, le colonel Roudaire demandait au gouvernement la concession de deux millions d'hectares de terrains compris dans le bassin actuel des chotts. Le produit de ces terres redevenues fertiles eût indemnisé les souscripteurs.

Mais si la baie de Triton se trouvait au nord de Sousa, les terres si fertiles qui, au dire des anciens, se trouvaient sur ses bords, ne sont donc plus les terres avoisinant les chotts? Ce sont les terres situées aux environs de Sousa, qui aujourd'hui encore comptent parmi les terrains les plus fertiles de la Tunisie.

Les terres des chotts brûlées aujourd'hui étaient donc brûlées à l'époque romaine. Leur prétendue fertilité n'a donc été qu'un mythe. Le désert de nos jours était le désert à l'époque romaine. De nombreux passages d'auteurs anciens l'attestent d'ailleurs (1). Si l'on veut tenter l'entreprise, on n'a plus le droit d'invoquer une fertilité antérieure, et l'on sait que le voisinage de la mer ne suffit pas à rendre fertiles des terres qui la bordent. Le littoral de Gabès, les rives atlantiques du Sahara, les bords de la mer Rouge, du golfe Persique, de la mer Caspienne et de la mer d'Aral sont cités parmi les terres les plus infertiles du globe.

Son point de départ reconnu faux, ses résultats surtout démontrés négatifs ou incertains, l'édifice, atteint dans ses œuvres vives, croule.

Dépouillé de tout le grandiose que lui donnait le prestige de la restauration de la mer antique, le projet Roudaire peut aujourd'hui se définir :

Un essai de solution d'un problème de physique expérimentale dont on ne connaît pas les données, dont on ne voit plus l'utilité réelle.

D'autres que moi ont montré les inconvénients que présenterait cette solution; d'autres encore ont cherché à en démontrer les impossibilités pratiques; mais ceci ne rentre pas dans le cadre d'études que j'ai entreprises :

Si ceux qui rêvent d'idées grandes doivent renoncer à la conception de la restauration de la baie de Triton, ils s'en consoleront en songeant aux sommes qu'ils eussent englouties pour l'essai de la réalisation d'un rêve.

La France peut être assez riche pour payer sa gloire, elle ne l'est pas assez pour aller enfouir plus d'un milliard dans les sables sahariens.

Les conséquences de la découverte du véritable emplacement de la baie de Triton seront considérables au point de vue historique. Bien des faits de l'histoire de Carthage, restés obscurs jusqu'ici, vont pouvoir être élucidés. En constatant l'ignorance absolue où nous nous trouvions de la géographie physique de la Tunisie centrale et de la géographie ancienne de cette contrée, Mannert, au commencement du siècle, disait :

« Le jour viendra où l'on connaîtra mieux ce qui est resté debout. Tôt ou tard, une nation européenne étendra ses conquêtes dans ces plages lointaines; alors seulement on pourrait établir la géographie ancienne de ces contrées. »

La prédiction de Mannert se vérifie. Seulement, ce n'est pas à l'Allemagne qu'est échue la noble mission dont parlait Mannert. La France a fait son domaine d'une partie du nord de l'Afrique. Elle en a pris possession par les armes, et c'est elle qui a été à la peine. Elle en prend possession par la science, et c'est elle qui est à l'honneur.

(1) Hérodote, Diodore de Sicile, Salluste, Ptolémée, etc.

Séances tenues par la section de géographie (14e section) les 8, 10 et 11 septembre 1884.

SÉANCE DU 8 SEPTEMBRE.

M. le Dr ROUIRE donne l'analyse de la conférence qu'il doit faire dans la séance générale du 10, et insiste surtout sur les considérations géographiques et historiques qui lui font reporter la baie de Triton des anciens à la hauteur de la ville de Sousa, contre l'opinion généralement admise que cette baie s'ouvrait vers Gabès et était constituée par le bassin actuel des Chott.

Nouvelles études relatives à la question de la mer intérieure d'Afrique. — M. ROUIRE apporte de nouvelles preuves à l'appui de sa thèse relative à l'identification de l'ancien lac Triton et du lac Kelbiah actuel. Il vient répondre aussi aux objections faites récemment par le colonel Roudaire à la thèse qu'il soutient.

Malgré la lacune que contient le texte de Scylax, et quoi qu'en ait dit le lieutenant-colonel Roudaire, le texte n'en met pas moins par deux fois l'emplacement de la mer intérieure au fond du golfe de Hammamet. D'autre part, le texte de Pomponius Méla désigne aussi le lac Kelbiah. Enfin, il cite un passage de Pline déclaré jusqu'ici inexplicable et qui s'applique à l'emplacement du même lac.

Au point de vue des modifications du littoral, M. Rouire mentionne les études encore inédites de M. de Campou sur l'exhaussement graduel d'une partie du fond du lac Kelbiah. Les apports successifs et continus de l'Oued Bagla (l'ancien fleuve Triton) suffisent à expliquer cet exhaussement.

SÉANCE DU 10.

M. E. COSSON s'attache à donner le résumé de la conférence que, conjointement avec MM. Rouire et Doûmet-Adanson, il doit faire dans l'après-midi à la séance générale. Il traite la question de la mer dite intérieure au point de vue technique, à celui de la météorologie, de la salubrité, de l'hygiène et des cultures, au point de vue politique, commercial et maritime. Il met en relief les phases successives par lesquelles a passé le projet Roudaire, et insiste sur l'inutilité de ce projet, dangereux et contraire aux intérêts de la colonisation. Il produit des arguments nouveaux et analyse le travail d'ensemble qu'il a publié sur la question en 1882, ainsi que les communications qu'il a présentées à l'Académie des sciences, à la Société de Géographie et à la Sorbonne dans une conférence de l'Association scientifique.

M. G. ROLLAND fait ensuite une communication dans laquelle il arrive aux mêmes conclusions que M. Cosson. (Voir la communication de M. Rolland, p. 35.)

Après une discussion, à laquelle ont pris part le Président de la section, M. le général Parmentier, MM. G. Rolland, L. Simonin, Dr Rouire, Doûmet-Adanson, etc., la section décide à l'unanimité qu'un vœu contraire à la réalisation de la mer intérieure sera formulé dans la prochaine séance et soumis au Conseil, qui devra en saisir le Congrès à la séance de clôture.

SÉANCE DU 11.

Avant que la section délibère sur le vœu à formuler, M. le Président donne la parole à M. Cosson pour la lecture d'une note qu'il vient de recevoir de M. A. Letourneux. (Voir la communication de M. Letourneux, p. 37.)

La section passe ensuite à la discussion du texte du vœu à émettre et à soumettre au Conseil. La rédaction de ce vœu, à laquelle ont pris part presque tous les membres présents, est, après une discussion de près d'une heure, adoptée à l'unanimité.

Séance de la section de géographie tenue le 10 septembre.

M. G. ROLLAND

Ingénieur des Mines, ancien Secrétaire de la Commission supérieure du projet de mer intérieure.
Membre de la Mission de l'exploration scientifique de la Tunisie.

SUR LE PROJET DE MER INTÉRIEURE

J'insisterai sur ce fait que l'inondation du chott Melrir aurait pour résultat de submerger ou de ruiner la région septentrionale de l'oued Rir', région qui possède aujourd'hui, en chiffres ronds, 80,000 palmiers.

En ce qui concerne la grande oasis de Mraïer, il a été répondu qu'une partie seulement de ses jardins se trouvait au-dessous du niveau de la Méditerranée, et qu'on pourrait la protéger au moyen d'une digue; néanmoins, il est vraisemblable d'admettre que cette oasis tout entière serait fortement compromise.

Quant à ses annexes de Dendouga, d'Ensira et d'Ourir, qui sont situées à plus de 13 mètres au-dessous de la cote zéro, elles seraient inévitablement submergées. Or, je me permettrai d'appeler l'attention sur l'importance prise dans ces dernières années par l'oasis d'Ourir.

J'ai entrepris, avec quelques amis, de mettre en valeur, dans plusieurs régions de l'oued Rir', des terrains jusqu'alors absolument incultes et stériles, mais se trouvant favorablement situés par rapport aux eaux souterraines de ce bassin artésien; nous forons des puits jaillissants, nous défrichons le sol et nous plantons des palmiers. Nous avons ainsi dans l'oued Rir' trois centres de création et d'exploitation agricoles, savoir, du nord au sud : Ourir, Sidi Yahia, Ayata, et nous y comptons déjà plus de 32,000 palmiers.

Pour ne parler que de la nouvelle oasis d'Ourir, laquelle serait détruite par le projet du lieutenant-colonel Roudaire, nous y possédons déjà deux puits artésiens jaillissants et, en chiffres ronds, plus de 18,000 palmiers, dont plus de 16,000 ont été plantés par nous : ce qui, rien qu'à raison de 100 francs par palmier, représente une valeur créée de plus de 1,600,000 francs.

J'ajouterai que d'Ourir à Mraïer, sur une dizaine de kilomètres de longueur, l'artère artésienne de l'oued Rir' règne avec continuité, et que le long de cette zone, qui serait tout entière inondée, on peut compter, en l'état actuel, planter encore, au bas mot, 100,000 palmiers.

Il est donc incontestable qu'avant tout, la réalisation du projet Roudaire détruirait des richesses déjà existantes et des richesses à venir. En échange, la plus-value escomptée par suite d'une amélioration du climat sur les bords de la future mer reste, pour le moins, problématique : cela ne résulte que trop des observations présentées par M. Cosson et des discussions qui ont eu lieu au sein de la Commission supérieure.

J'ai suivi, en qualité de secrétaire, les travaux de cette Commission, et, malgré toute ma sympathie pour le projet et pour son auteur, j'ai eu le regret d'arriver à cette conviction que les dépenses énormes qu'entraînerait l'entreprise seraient tout à fait hors de proportion avec les avantages que procurerait la mer intérieure en elle-même.

Aussi je crois qu'en persévérant dans son projet, M. le lieutenant-colonel Roudaire court au-devant d'un échec éclatant, dont il ne serait pas seul à subir les conséquences, mais qui, d'une manière générale, ne manquerait pas d'avoir un contre-coup déplorable sur le crédit des entreprises vraiment pratiques de colonisation dans le sud algérien et tunisien.

Séance de la section de géographie tenue le 11 septembre.

M. A. LETOURNEUX

Conseiller honoraire à la Cour d'Alger, Membre de la Mission de l'exploration scientifique de la Tunisie.

SUR LE PROJET DE MER INTÉRIEURE

Toutes les oasis du Djerid, à l'exception d'El-Hamma, sont situées sur la pente est-sud-est de l'extrémité du Djebel Cherb ou de l'isthme qui lui fait suite et qui sépare le Chott El-Djerid (altitude de + 20 à + 15 mètres au-dessus du niveau de la mer) du Chott El-Gharsa (altitude de — 10 à — 20 mètres). El-Hamma occupe le versant occidental de cet isthme à sa naissance. Toutes ces oasis doivent leur existence et leur prospérité à des nappes d'eau douce qui coulent au bas des dernières couches rocheuses du Djebel Cherb ou dans l'intérieur de l'isthme, avec une légère pente, entre 40 et 44 mètres au-dessus du niveau de la mer. Il est évident que ces nappes viennent du nord-est ou du nord, car elles ne sauraient remonter du sud-est dans l'isthme, qui s'abaisse considérablement dans la direction du Çouf et dont les couches disparaissent de ce côté sous des terrains ou des sables alluvionnaires. Une de ces nappes a été constatée, lors des sondages qui ont précédé le dernier projet Roudaire, à 20 mètres à peu près au-dessous de la dépression de l'isthme que doit couper le canal, ce qui concorde parfaitement avec le fait que nous venons d'exposer. Quant aux sources thermales dont la température est plus élevée de 10 degrés au moins, elles ne sourdent, à Kriz et à El-Hamma, que beaucoup plus bas, sur la pente.

Il en résulte que le canal qui doit traverser l'isthme du Draâ du Djerid et l'entailler dans toute sa largeur jusqu'à plus de trois mètres au-dessous du niveau moyen de la marée au golfe de Gabès, constituera une énorme coupure, un hiatus béant de plus de 63 mètres de profondeur, au fond duquel les

nappes aquifères iront s'engouffrer avec une chute de plus de 40 mètres (1),
pour se perdre, en suivant la pente, dans le Chott El-Gharsa. Que deviendront,
dès lors, les deux grandes et belles oasis de Nefta et de Tozer ? Le canal une
fois creusé, il ne leur parviendrait pas une goutte de cette rivière souterraine
qui est la condition nécessaire de leur vie.

L'exécution du projet Roudaire serait pour ces deux villes, pour leurs
35,000 habitants, pour les 700,000 palmiers et les superbes jardins qui en font
la richesse, la mort certaine et immédiate.

Comment se fait-il que cette conséquence fatale n'ait pas inquiété les ingénieurs, qui n'ont fait aucune étude sérieuse à cet égard, ni alarmé l'administration tunisienne, que la ruine de ces oasis priverait d'un million de revenus ?

Un fait qui n'a point été indiqué, mais qui a été constaté par des officiers,
témoins des sondages opérés dans le lit du Chott El-Djerid, c'est que le *magma*
boueux qui compose la grande masse des matières de remplissage, se condui-
sant comme un liquide véritable et obéissant aux pressions latérales, tend sans
cesse à conserver ou à reprendre son niveau et remonte dans les tubes de sondage. Il faut donc en conclure que les excavations y rencontreraient une série
de véritables *lises* toujours prêtes à combler les vides qui se produiraient sous
la pression des millions de mètres cubes qui comblent l'immense lit du Chott,
jusqu'aux profondeurs que la sonde du lieutenant-colonel Roudaire n'a pu
atteindre, et qui ne pourraient jamais être desséchées au-dessous du niveau
des marées, le canal devant leur amener de la mer les eaux qu'il leur enlè-
verait pour les jeter dans le Chott El-Gharsa.

(1) La figure suivante, représentant, en coupe, la tranchée à pratiquer à travers le Draâ du
Djerid, donne une idée exacte de la véritable cascade que formeraient les eaux de la nappe coupée
par le canal :

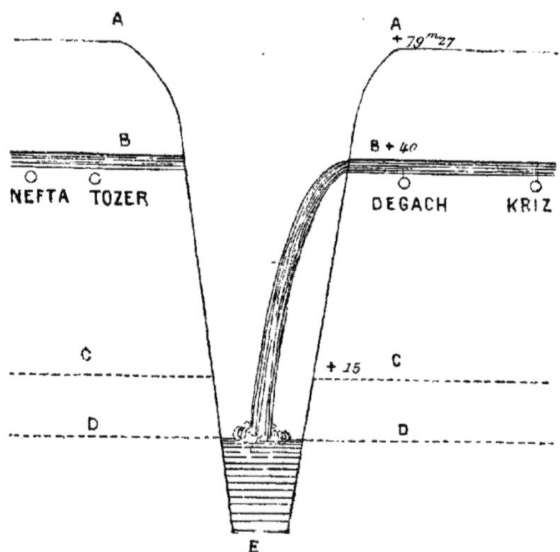

AA. Sommet des berges du canal.
BB. Nappe aquifère qui alimente les oasis.
CC. Niveau de la surface du Chott-El-Djerid.
DD. Niveau du golfe de Gabès.
E. Fond du canal.

Un mot enfin, à propos de l'influence délétère du climat marin à l'égard des dattes, influence attestée par M. Cosson et contestée par M. de Lesseps. En présence du fait *indéniable* que les dattes de Gabès, de Djerba et de Zarzis n'ont aucune valeur vénale et ne servent qu'à la nourriture des animaux ou de la partie la plus misérable de la population, l'illustre perceur d'isthmes a allégué que la mauvaise qualité des dattes de ces oasis devait être attribuée uniquement au mauvais choix des variétés cultivées. A priori, il serait bien extraordinaire que les habitants du littoral, qui ont dans leur voisinage, et pour ainsi dire sous la main, les rejetons des meilleurs Dattiers du monde, eussent persisté depuis des siècles dans la culture exclusive des plus mauvaises races. En fait, de nombreux essais de transplantation des meilleures sortes du Djerid ont été faits, mais sans succès, et notamment des plants de *Deglet Nour* ont été importés à Djerba. Aujourd'hui on cultive *sur le littoral, comme à Tozer ou au Nefzaoua*, les variétés dites *Matata, Aguïoua, Gerba, Khadhouri, Kenta, Arechti, Ammari*, qui produisent dans l'intérieur des récoltes précieuses et recherchées, tandis qu'au bord de la mer, leurs fruits, sans sucre et sans saveur, sont, comme nous l'avons dit, presque exclusivement abandonnés aux animaux. D'après la déclaration des gens de Djerba, c'est uniquement parce que *toutes les variétés de Dattiers* donnent chez eux des produits *également défectueux* qu'ils ont restreint leur culture à celles qui, à défaut de la qualité, leur procurent au moins la quantité.

La règle absolue est que la saveur de la datte est en raison directe moins de la chaleur du climat que de la sécheresse de l'atmosphère. La valeur d'un pied de Dattier, qui varie de 15 à 20 francs à Gabès ou à Djerba, de 20 à 30 au Nefzaoua, qui atteint 100 francs dans le Djerid et dépasse 300 francs au Çouf et à Ouargla, est, à coup sûr, le meilleur criterium.

Dans l'Égypte, dont a parlé M. de Lesseps, les seules dattes estimées sont celles du Saïd et de la Nubie, tandis que celles de Ramlé, sur le littoral, ne se conservent pas et sont tenues en médiocre faveur par les indigènes.

Les assertions de M. de Lesseps sont donc en contradiction avec la réalité des faits.

En résumé, nous croyons du devoir strict des gouvernements français et tunisien de s'opposer à une entreprise qui, en la supposant réalisable, ne saurait apporter à la région des oasis que la mort ou la ruine.

Note ajoutée pendant l'impression.

Toute concession de terrains dans la région saharienne est impossible, tant que l'application du sénatus-consulte impérial de 1854 n'aura pas été terminée, que les droits respectifs de l'État, des propriétaires actuels, des possesseurs et des tribus investies du privilège de parcours n'auront pas été régulièrement et définitivement établis. Or, les premières opérations n'ont pas encore été commencées, et la constitution de la propriété, qui sera effectuée sous l'empire de la loi encore en discussion devant les Chambres, ne sera pas achevée avant une période d'au moins vingt-cinq ans. Alors l'État pourra disposer seulement des territoires sur lesquels ses droits ont été reconnus fondés.

Dans l'Aurès, les droits de l'État sur les forêts, bien qu'incontestables en principe, ne seront déterminés qu'après une reconnaissance préalable, suivie de la solution, par la juridiction compétente, des contestations qui naîtront au sujet des limites, des enclaves et des servitudes de dépaissance et de parcours.

Dans ces conditions, l'administration ne peut accorder ni la concession qui forme le *pivot financier* de l'affaire de la mer intérieure, ni les réserves que sollicite le lieutenant-colonel Roudaire, et son devoir est, au contraire, de sauvegarder les droits acquis des particuliers et des tribus, non seulement sur les territoires qui devraient border la mer projetée, mais encore sur les espaces qu'elle devrait couvrir.

Séance générale de clôture du congrès tenue le 11 septembre.

Le Conseil, après avoir approuvé le vœu de la Section de géographie et n'y avoir apporté que quelques modifications de détail, le soumet à l'Assemblée générale qui le vote à l'unanimité. Voici ce vœu :

« L'Assemblée générale, considérant que le projet « de mer intérieure africaine » est absolument contraire aux intérêts de la colonisation et que les dépenses de l'établissement de cette mer seraient hors de proportion avec les résultats que ses auteurs prétendent en retirer, ainsi que l'a établi la Commission supérieure nommée en 1882, émet le vœu :

» Que le Gouvernement français n'encourage point cette entreprise et ne prenne aucune décision sans avoir pris à nouveau l'avis de la Commission supérieure. »

PARIS. — IMPRIMERIE CHAIX (S.-O.). — 12670-3.